冬季北太平洋环流振荡之研究

张立凤　张　铭　吕庆平　著

气象出版社

China Meteorological Press

内 容 简 介

本书主要介绍了对冬季北太平洋环流振荡的研究成果。书中分析了北太平洋环流振荡模态在上层海温、海流中的时空特征,揭示出在海洋上层的温度场和流场中都存在北太平洋环流振荡模态,且具有准 13 年周期的年代际变化;指出了风场动力强迫对北太平洋环流振荡模态的影响最大,中高纬西风急流是强迫北太平洋环流振荡模态的关键系统。一方面,中纬度西风急流异常通过大气北太平洋涛动模态强迫出北太平洋环流振荡模态;另一方面,受风应力驱动的海盆尺度的大洋环流异常会造成上层海洋海盆尺度垂直运动的异常,从而引起海盆尺度的海温动力异常,北太平洋环流振荡模态准 13 年的年代际周期主要是由大气动力强迫所造成。

本书可供大气科学和海洋科技工作者以及有关院校师生参考。

图书在版编目(CIP)数据

冬季北太平洋环流振荡之研究 / 张立凤,张铭,吕庆平著.
—北京:气象出版社,2015.6
ISBN 978-7-5029-6147-3

Ⅰ.①冬… Ⅱ.①张… ②张… ③吕… Ⅲ.①冬季－北太平洋－
大洋环流－振荡－研究 Ⅳ.①P731.27

中国版本图书馆 CIP 数据核字(2015)第 125419 号

Dongji Beitaipingyang Huanliu Zhendang zhi Yanjiu
冬季北太平洋环流振荡之研究
张立凤 张 铭 吕庆平 著

出版发行:气象出版社
地   址:北京市海淀区中关村南大街 46 号   邮政编码:100081
总 编 室:010-68407112   发 行 部:010-68409198
网   址:http://www.qxcbs.com   E-mail: qxcbs@cma.gov.cn
责任编辑:李太宇   终 审:章澄昌
封面设计:易普锐创意   责任技编:赵相宁
印   刷:北京中新伟业印刷有限公司   印 张:9
开   本:787 mm×1092 mm 1/16   彩 插:1
字   数:230 千字
版   次:2015 年 9 月第 1 版   印 次:2015 年 9 月第 1 次印刷
定   价:50.00 元

本书如存在文字不清、漏印以及缺页、倒页、脱页等,请与本社发行部联系调换。

前　言

　　进入 20 世纪后,太平洋年代际振荡(PDO)受到了高度重视,其不仅是年代际时间尺度上的气候变化强信号,又是叠加在长期气候趋势变化上的扰动,可直接影响太平洋周边地区乃至全球的气候变化。然而近年来发现,太平洋年代际振荡并不能解释东北太平洋中盐度、营养物质以及鱼储量等的年代际变化。因此,Di Lorenzo 在 2008 年定义了一个新的气候模态——北太平洋环流振荡(NPGO)。

　　北太平洋环流振荡是东北太平洋海表面高度异常(SSHA)经验正交函数(EOF)分解的第二模态,其空间结构呈南北偶极子分布,它不仅很好地反映了风应力和海表盐度距平的变化,而且与东北太平洋中生物变量的变化相关很好。由于海表温度异常(SSTA)和东北太平洋海表面高度异常的变化趋势相关较高,所以北太平洋环流振荡亦可反映海表温度异常的环流变化。自 1993 年以来,北太平洋环流振荡的强度正在逐渐加强。已有研究认为,阿留申低压是太平洋年代际振荡模态的大气强迫场,北太平洋涛动(NPO)与海洋北太平洋环流振荡模态有关,是驱动北太平洋环流振荡的大气强迫场。北太平洋环流振荡是近年来发现的太平洋海温异常重要的年代际变化,关于其变化特征及其对气候影响的研究越来越受到重视。

　　本书采用统计分析、解析求解和数值模拟的方法,研究了北太平洋环流振荡模态在北太平洋冬季海洋温度场和海洋流场中的表现,揭示了海温及海流场中北太平洋环流振荡模态特征和形成机理,发现海温场和流场中都存在相应的类似于海表面高度场的北太平洋环流振荡模态,且具有准 13 年的年代际变化周期;中纬度西风异常的强迫是造成北太平洋环流振荡的直接原因。本书还研究了海表温度场优势模态的迁移,发现 20 世纪 80 年代中期后,海表温度异常优势模态的空间结构由太平洋年代际振荡型转变为北太平洋环流振荡型,且该迁移现象有准 18 年的年代际变化周期。

　　本书的研究工作得到了国家重点基础研究发展计划(973 计划)两个项目《北

太平洋副热带环流变异及其对我国近海动力环境的影响》（项目编号：2007CB411800）和《西北太平洋海洋多尺度变化过程、机理及可预报性》（项目编号：2013CB956200）的资助，在此向科技部和这两个项目的首席科学家表示衷心感谢。本书的出版得到了解放军理工大学气象海洋学院领导和气象出版社的重视与支持；我的研究生余沛龙、张晓慧和朱娟参与了全书的画图、校对等工作；程婷博士审校了全书，在此也向他们表示深深的谢意。最后，还要感谢所有帮助和鼓励过我们的同事和朋友们。

张立凤

2015 年 6 月

目　　录

第1章 绪 论

1.1 北太平洋环流振荡的基本概念和研究意义

海洋占地球总面积的 71%,它对地球气候形成有着深远的影响,其巨大的热含量、热输送和地表覆盖率,调节着气候系统的时空变率,在各种时间尺度的气候变化中起着重要作用;随着全球变暖的加剧,越来越迫切需要掌握海洋的变化规律及其对全球气候的反馈作用。国际重大科学研究计划——气候变化及可预报性研究(Climate Variability and Predictability, CLIVAR)强调开展年代际及更长时间尺度的海洋过程的研究,以更好地探索长期特别是年代际气候变化的成因和可预报性。北太平洋是邻近我国的最大海洋,从大气系统来讲,北太平洋副热带海区之上是副热带高压,这里海水的蒸发超过降水,对北太平洋两岸乃至全球气候变化产生重要影响。

太平洋海温的年代际变化是影响我国气候异常的一个重要因素,许多研究表明(李峰和何金海,2001;王慧和王谦谦,2002;马柱国,2007;顾薇等,2007;侯威等,2008;李春,2008;华丽娟和马柱国,2009),包括赤道中东太平洋、北太平洋在内的关键海区对中国区域气候有明显的影响,但影响东亚天气气候的海温关键区,并不是固定的,而是随着海气相互作用的年代际变化而转移,这种关系主要反映在年代际变化的时间尺度上,对中国夏季旱涝有重要的预报启示作用。

随着海洋观测资料的长时间积累和再分析资料的不断推出,20 世纪 90 年代后,年代际尺度的海洋气候变化成为国际气候学研究中的热点。年代际尺度气候变率的强信号(Mantua et al.,1997)是北太平洋海表面温度(Sea Surface Temperature,SST)的年代际振荡(Pacific Decadal Oscillation,PDO),关于 PDO 的基本特征及其对周边地区大气环流变化的影响已有了许多研究(Zhang et al.,1998;江志红和屠其璞,2001;李泓等,2001;王辉等,2002;Mantua and Hare,2002;谷德军等,2003;王东晓等,2003;杨修群等,2004;吴德星等,2006;Alexander,2010;刘秦玉等,2010;Liu,2012)。PDO 是北太平洋海温场中一种缓变的气候模态,许多研究工作揭示出 PDO 对中国气候有显著影响。PDO 指数与中国降水和气温的年代际变化存在密切联系,处于不同阶段的 ENSO 事件对中国夏季气候异常的影响明显受到 PDO 的调制(朱乾根和徐建军,1998;朱益民和杨修群,2003)。华北降水年代际异常与太平洋上层海洋热力状况异常的显著关系主要表现为 PDO 与华北降水异常的相关(杨修群等,2004),华北和西北东部的年干湿变化与同期 PDO 指数有密切的关系,PDO 指数的正位相对应上述两个地区的干旱时段,负位相则对应湿润时段(马柱国和邵丽娟,2006)。东亚夏季风降水与 PDO 在年代际尺度上具有较好的相关关系(唐民和吕俊梅,2007),PDO 对夏季江淮地区降水的年代际变化有重要影响(杨秋明,2005)。

近年来发现,PDO还不能够完全解释东北太平洋中盐度、营养物、叶绿素及鱼储量等的年代际变化。因此,2008年Di Lorenzo等(2008)对东北太平洋海域的海表面高度(Sea Surface Height,SSH)定义了一个新的气候模态——北太平洋环流振荡(North Pacific Gyre Oscillation,NPGO),它不仅很好地反映了风应力和海表面盐度(Sea Surface Salinity,SSS)距平的变化,而且与东北太平洋中生物变量的变化趋势相关性很好。由于SST和SSH的变化趋势相关较高(Cummins et al.,2005),所以SST的年代际变化也应具有NPGO模态。

NPGO作为北太平洋的主要气候模态越来越受到人们的重视,该模态有不同时间尺度的变化特征,这些变化会显著地改变北太平洋各海洋要素的分布形态,从而影响大气环流的变化。从长期看,PDO和NPGO是相互独立的两个模态,两者的相关系数仅为0.15。但近年研究发现PDO和NPGO指数表现出了相关,1990年后,二者的相关系数增大为0.4(Ceballos et al.,2009)。而且,自1993年以来,NPGO的强度正在逐渐加强,冬季北太平洋的气候主模态结构也正在发生变化;20世纪80年代末北太平洋气候模态的变化并不是PDO信号的简单反转(Yeh et al.,2011;Lv et al.,2012),空间结构也发生了改变。

由于年代际尺度的气候预测仍处于"婴儿期"(Meehl et al.,2009;Murphy et al.,2010;Solomon et al.,2011),而NPGO模态具有显著的年代际变化特征,所以近年来对NPGO的研究成为气候研究的热点。研究NPGO的时空结构及其对周边气候的影响不仅对认识全球气候变化和海气相互作用的动力学机制有重要理论意义,还对气候预测和气候灾害的防御有重要的潜在应用价值。如前所述,现有的研究大多注重PDO模态对中国气候的影响,对NPGO模态与东亚大气环流以及中国气候年代际变化之间的关系几乎还没有研究。由于NPGO模态的强度正在逐渐增强,冬季北太平洋的气候主模态结构正在发生变化。因此,进行NPGO与中国气候之间关系的研究是极为重要的。

1.2　北太平洋环流振荡的基本观测特征

Di Lorenzo等(2008)利用涡分辨率海洋环流模式回报的SSH资料,在东北太平洋(25°—62°N,180°—110°W)进行经验正交函数(Empirical Orthogonal Function,EOF)分析,得到东北太平洋海表高度年代际变化的两个主要模态:第一模态类似于Mantua等(1997)提出的PDO模态;第二模态被认为是NPGO模态。故NPGO可定义为东北太平洋海表面高度异常(SSHA)EOF分解的第二模态,其对应的时间序列则定义为NPGO指数(下载地址为http://www.ocean3d.org/npgo)。

NPGO模态的空间结构是SSHA正负中心呈南北偶极子分布,北部中心对应阿拉斯加涡流(Alaskan Gyre),南部中心对应副热带涡流(Subtropical Gyre),二者被北太平洋洋流(North Pacific Current,NPC)分开。NPGO可分为正、负位相,在NPGO的正位相时,南部为SSH正异常中心,对应涡旋环流为顺时针转动,北部为SSH负异常中心,对应涡旋环流为逆时针转动,反之则称为NPGO的负位相。当NPGO位于正位相时,南北涡流都加强,而该加强则是由风应力涡旋及风生涌流所驱动的。

NPGO模态最早是由SSHA给出,由于SSHA与海面温度异常(SSTA)有很好的对应关系,所以NPGO与北太平洋SSTA EOF分析的第二模态(Victoria mode;Bond et al.,2003)有很好的相关性。图1.1给出了由SSTA揭示的典型NPGO时空结构。从NPGO指数演变

(图 1.1a)可见,其具有明显的年际变化和年代际变化。利用东北太平洋海域内 1950—2008 年冬季 SSTA 与 NPGO 指数回归,其回归系数分布如图 1.1b 所示,东北太平洋上 SSTA 呈南北向的偶极子分布,其北部为负值中心,南部为正值中心,这意味着北部的 SSTA 偏冷,南部的 SSTA 偏暖,类似于典型 NPGO 模态的正位相空间结构。回归所用 SST 资料选自美国国家气候数据中心(NCDC)的 ERSST.v3.。

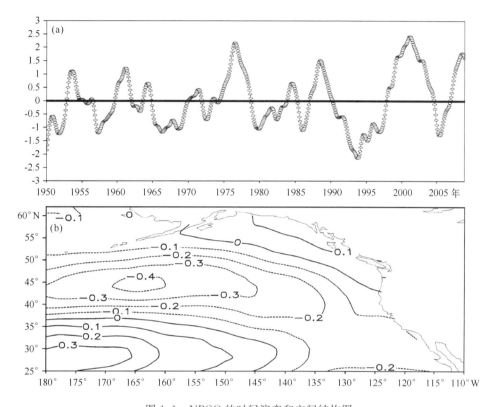

图 1.1 NPGO 的时间演变和空间结构图

(a)1950—2008 年间标准化的 NPGO 指数时间序列;

(b)1950—2008 年冬季东北太平洋 SSTA 对 NPGO 指数的回归系数分布,单位:℃。

在全球气候变暖的背景下,热带太平洋中部与东部厄尔尼诺发生的比率可增加 5 倍(Yeh *et al*.,2011)。考虑到 NPGO 与中太平洋厄尔尼诺的密切关系(见以下 1.3.2 小节),可以推测 NPGO 强度也会随之增强。自 1993 年以来,NPGO 的强度确实正在逐渐加强,NPGO 的加强可能是由于人类活动和全球变暖引起的,这个假设可以大略受 GFDL2.0 气候耦合模式结果的支持(Di Lorenzo *et al*.,2008),其分析结果显示:对比 1900—2000 和 2000—2100 年,NPGO 增加了 38%,PDO 减少了 58%,近十年内 NPGO 的振幅大于 PDO,从而证实了之前独立分析得到的结论(Cummins and Freeland,2007)。而且 Bond 等(2003)对北太平洋冬季 SSTA 作 EOF 分析后发现,1990—2002 年间,NPGO 模态比 PDO 模态可以更多地解释 SSTA。此外,空间结构的改变是另外一个值得关注的问题。如 20 世纪 80 年代末北太平洋气候模态的变化并不是 PDO 信号的简单反转(Hare and Mantua,2000),空间结构也发生了改变。Yeh 等(2011)对 1956—1988 年及 1977—2009 年两个时期的北太平洋冬季 SSTA 作了经验正交函数分解,发现第一模态在 1956—1988 年为 PDO 型,到 1977—2009 年时段转变为

NPGO 型。此外,在 20 世纪 90 年代后期,北太平洋 SST 的空间结构也与 PDO 模态有着明显不同(Bond et al.,2003)。这意味着,冬季北太平洋主要气候模态的结构正在发生变化,仅仅使用 PDO 一种气候模态来描述北太平洋 SST 的低频变异并不完备,NPGO 模态也应得到更多的重视。

GFDL2.0 气候耦合模式的分析结果表明:NPGO 的加强可能是因人类活动和全球变暖引起的(Di Lorenzo et al.,2008),故人类活动和全球变暖对北太平洋环流振荡的变化也许有较大影响,但现今尚缺乏这一类的研究。到目前为止,人们对北太平洋气候模态变化对全球变暖的响应情况了解很少,主要原因是气候模态的变化是在全球变暖背景下发生的,且很难对该二者做出区分。根据 PDO 和 NPGO 的原始定义,在对 SST 进行 EOF 分解前,已经减去了被认为是变暖信号的全球平均值(或者是线性趋势);这就使得全球变暖和气候模态成为两种相对独立的物理问题。实际上,两者存在非线性的相互作用,并不能简单地使用去掉全球平均气温或者线性趋势等方法将其分离(Meehl et al.,2009;Oshima and Tanimoto,2009;d'Orgeville and Peltier,2009;Bonfils and Santer,2011)。Shiogama 等(2005)认为类 ENSO(厄尔尼诺和南涛动)模态(Zhang et al.,1997)的年代际变化(即 PDO)包括异乎寻常大的线性增长趋势,其主要是由人类活动造成的,而由于人类活动的强迫作用和 PDO 相关的自然变率对 SST 变化可能起着相反的作用(Corre et al.,2012)。因此在温室气体增加引起全球变暖的同时,具有显著年代际变化特征的 NPGO 和 PDO 模态也调节着全球气候变暖趋势。

1.3　北太平洋环流振荡研究回顾

与 PDO 相比,NPGO 是近几年才被发现和得到重视的北太平洋气候模态,所以相关的研究较少,人们对 NPGO 变化机制的了解要较 PDO 匮乏。尽管如此,已有的研究也使我们对 NPGO 的机制有了初步认识。

1.3.1　与大气强迫的关系

海洋—大气的相互作用是现代气候动力学和物理海洋学研究的基础,也是气候变化机理研究的主要内容,其可追溯至 Bjerkness(1972)和 Wyrtki(1973)的工作,赤道地区 ENSO 及其年际循环和年代际变异都是海气相互作用结果。而 NPGO 和 PDO 都是中纬度北太平洋的主要模态,观测和海洋环流模式均揭示出 NPGO 模态和 PDO 模态分别对应于特定的大气强迫场(Ceballos et al.,2009;Chhak and Di Lorenzo,2009);PDO 模态对应于阿留申低压(Aleutian Low,AL)异常强迫,而 NPGO 则对应于北太平洋涛动(North Pacific Oscillation,NPO)异常强迫。AL 异常是北太平洋海平面气压(Surface Level Pressure,SLP)异常 EOF 分解的第一模态(Trenberth and Hurrell,1995;Schneider and Cornuelle,2005),而 NPO 是北太平洋 SLP 异常 EOF 分解的第二模态(Walker and Bliss,1932;Rogers,1981)。NPGO 模态和 PDO 模态及其对应的特定大气异常强迫不仅从长时间序列的观测资料中得到了验证(Qiu and Chen,2010),而且在海洋模式的回报试验中也得到了证实(Chhak and Di Lorenzo,2009),这一结果得到了 IPCC AR4 海气耦合模式结果的验证(Furtado et al.,2011)。

李春(2010)利用海气耦合模式 FOAM 研究了海洋环流对 NPO 型和 PNA 型异常风场强迫的响应及反馈,得出如下结论:在 NPO 型正位相异常风应力强迫下,整个北太平洋环流系统加强,此时北太平洋 SST 的响应则类似于 NPGO 模态正位相异常,进而削弱 NPO 型风应力,这是一种负反馈机制。冬季海洋环流的调整则对北太平洋大气环流产生类似 PNA 型负位相环流异常的反馈。而在 PNA 型负位相异常风应力强迫下,北太平洋副极地环流异常减弱且向北收缩,使北太平洋副热带环流与副极地环流的边界向北偏移,北太平洋 SST 的响应类似于 PDO 模态负位相异常,从而进一步造成 PNA 型负位相异常的风应力,这是一种正反馈机制。实际中,这两种反馈机制达到动态平衡。

海洋直接或间接受大气的强迫作用,主要通过风应力、海表面气压和浮力等机制来实现(Philander,1978)。其中,海表面气压的作用很小,可以忽略,其余两个机制中,浮力通量反映了大气对海洋的热量作用,风应力则反映了动力作用,二者相比,大气对海洋的动力作用更为重要。海洋对大气的作用主要是通过大尺度的 SST 对大气非绝热加热或冷却,来改变大气的环流状况,进而改变海洋表面的风应力和热通量;风应力的改变使得海洋的热力结构和环流状况发生了变化,正反馈的作用进一步加强了 SST 的异常。如果把海洋和大气看成是彼此独立的系统,则风应力和 SST 就是两者之间的纽带。

海洋和大气之间相互作用的程度在不同的区域不同。公认的海气耦合最强信号发生在赤道地区,这主要是因为赤道 SST 异常最显著,而 SST 在很大程度上会影响风应力。在赤道以外的区域,大气环流驱动表层大洋环流(风生流),并通过影响大洋上层的垂直运动,造成海温的动力变化,从而影响 SST(路凯程等,2010)。

1.3.2 与热带海洋的关系

尽管北太平洋的年代际变化独立于热带海洋,但也有研究从统计和动力两方面将 PDO/AL 与 ENSO 联系起来(Alexander *et al.*,2002,2008;Newman *et al.*,2003;Deser *et al.*,2004;Vimont,2005),而且已有理论研究揭示出 NPO 可以通过削弱 Walker 环流影响 ENSO(Vimont *et al.*,2003;张立凤等,2011)。将 NPGO 与 ENSO 的定义扩展到整个太平洋,NPGO 模态的空间结构表现出关于赤道的南北对称性,这意味着热带海气耦合的动力机制对 NPGO 的产生有强迫作用(Di Lorenzo *et al.*,2008)。而且,在整个太平洋,其与热带中太平洋厄尔尼诺(Kao and Yu,2009)有很相似的空间结构(Di Lorenzo *et al.*,2010),两者在热带中太平洋均存在强的暖中心并向东北延伸至北美西海岸,而北太平洋中部则有一个冷中心;区别是前者 SST 变化的最大振幅在东北太平洋,后者在热带中部。热带的东太平洋厄尔尼诺可以通过大气遥相关作用驱动 NPGO 的年代变化,而中纬度的大气对热带海域也有反馈作用。NPO 通过季节足迹过程,不仅可以影响东太平洋厄尔尼诺(Yu *et al.*,2010),也可以改变中太平洋厄尔尼诺(Yu and Kim,2011)。在这个过程中,北太平洋的变化在冬季通过海表面热通量在 SST 上留下"足迹",并在海洋中一直储存到夏季,在副热带可改变包括纬向风在内的大气环流,该风场向南延伸至赤道,进而改变 ENSO 的年代变化。因此要更好地理解 NPGO 的动力机制,还是要考虑热带太平洋的作用。Di Lorenzo 等(2011)通过量化太平洋年代际尺度的动力作用,建立了太平洋气候变量的概念模型(图 1.2),该模型依赖于海洋年代际变量(PDO 和 NPGO),大气强迫(AL 和 NPO)和 ENSO 循环以及它们之间的相互联系。PDO 和 NPGO 则与 ENSO 循环的不同阶段有关。春季北部的 NPO 使热带太平洋中部产生 SSTA,引发 ENSO 在下个冬季达到顶峰(Vimont *et al.*,2003;Anderson,2003)(如通过季节足迹机制),然后 ENSO 通过大气遥相关对 AL 产生影响,进而影响到 PDO。

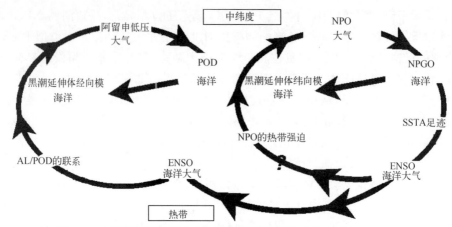

图 1.2　太平洋年代际尺度系统相互关系示意图(Di Lorenzo et al.,2011)

左侧路径:PDO/AL 动力过程;右侧路径:NPGO/NPO 动力过程

NPO 的动力强迫机制及其与热带的关系需要进一步研究。尽管存在基于物理基础的假设,可以将 NPO 与 ENSO 和热带 SSTA 联系起来,但 NPO 的来源迄今为止还是归因于中纬度固有的大气强迫,该强迫与风暴路径的变化和风暴强度有关(Linkin and Nigam,2008);然而,已有研究揭露出 NPO 也许不能完全独立于 ENSO,且可能来源于赤道太平洋。若能证实这个设想,那么上述概念模型就可以为太平洋年代际振荡提供一个物理框架。

1.3.3　对 KOE 环流的影响

北太平洋 SST 对 NPO 型和 PNA 型风应力的响应分别类似于 NPGO 模态和 PDO 模态,且 SST 对 NPO 型风应力的响应是一种负反馈机制,对 PNA 型风应力的响应则是一种正反馈机制,这里需要说明的是海洋模态是通过对黑潮亲潮延伸区(KOE)的纬向流轴产生影响,进而对大气形成反馈机制的(李春,2010)。这说明 NPGO 模态与 KOE 的关系密切。

NPGO 模态受大气 NPO 型风场驱动,NPO 强迫的海洋 Rossby 波将 SSH 场的 NPGO 特征从北太平洋中部向西传播到 KOE 区,引起 KOE 区域 SSH 场滞后 2~3 年的强度变化,这意味着 NPGO 指数可用来追踪北太平洋副热带环流中北支的变化,该结果还为北太平洋东西边界间气候及生态系统的年代际变化提供了物理解释。NPGO 模态实质上反映了北太平洋中部 SSH 的经向梯度大小和变化,即北太平洋海流的强度和变化。该变化经过 2—3 年的时间则会影响到 KOE 地区,使 KOE 流轴加速(KE 的伸展模态),可称其为 KOE 流轴的纬向模态(Ceballos et al.,2009;Kwon et al.,2010)。而 PDO 则与 NPGO 不同,在海洋环流上其反映为北太平洋副极地环流的变化。副极地环流的加强,会使北太平洋副热带环流与副极地环流相遇的纬度向副热带一侧偏移,即使 KOE 纬向流轴向南偏(KE 的收缩模态),可称其为 KOE 的经向模态(Miller et al.,1997;Qiu et al.,2007;Taguchi et al.,2007)。

Ceballos 等(2009)通过线性 Rossby 模型揭示了与 NPO 有关的风应力旋度异常(WSCA),其可解释 KOE 区域 SSH 的年代际变化,但这与 Qiu(2003)的结论相反。Ceballos 认为 Qiu 的资料过短(1982—2002),这造成 PDO 和 NPGO 指数表现出些许相关,1990 年后相关系数更可达 0.4,且 Qiu 使用了 WSCA 的 EOF 分析第一模态代表 PDO 的大气强迫,而非 SLP 的 EOF 分析第一模态;虽然这两者相关很大,但空间模态(活动中心位置)却不同,这可引起 Rossby 波模型的改变。

　　Ceballos 等(2009)对 KOE 区域(142°E—180°,30—45°N)内的纬向平均 SSHA 作了 EOF 分析,通过比较 NPGO 指数和 EOF 第二模态时间系数(PC2)及 KOE 区平均 SSHA 的时间变化趋势,发现当 NPGO 提前 2.5 年时其与 PC2 相关最大,提前 1.5 年时与平均 SSHA 相关最大。NPGO 与 KOE 区的 SSHA 具有相同的大气强迫(NPO),KOE 强度的低频变化是由 NPO 调节的。Qiu and Chen(2010)使用 16 年的卫星 SSH 资料,研究了 KE 系统在稳定动力状态和不稳定动力状态之间振荡的年代际变化。这两个状态之间的转换是由与 PDO 及 NPGO 有关的海盆尺度的风应力旋度对东北太平洋的强迫所造成的。在正 PDO 位相(负 NPGO 位相)时,加强的 AL 通过 Ekman 抽吸在东北太平洋产生负的 SSHA,负 SSHA 以斜压 Rossby 波的形式向西传播,它们削弱了纬向 KE 急流,并使其路径南移。在负 PDO 位相(正 NPGO 位相)时则情况相反。

1.3.4　中高纬海洋对风应力的响应

　　中纬度西风带急流和风暴轴的重要性是众所周知的(Li et al.,2009)。西风急流造成的相应近地面的风应力,会使海洋上层流动对其强迫做出响应,并通过海气相互作用引起气候变化(容新尧和杨修群,2006)。虽然观测表明中纬度的海气相互作用较热带要小,对气候的影响也没有热带那样显著,但是有关这方面的工作依然引起气象和海洋学者的关注(赵永平等,1997;朱艳峰等,2002;谭桂容等,2009)。风应力驱动上层海洋的理论早在 20 世纪 50 年代就已提出(Pedlosky,1996),然而直到目前海洋对风应力响应的研究仍受到广泛的重视。Qiu (2002)研究了东太平洋风应力强迫的 Rossby 波;Cabanes 等(2006)研究了风应力驱动的正压 Sverdrup 平衡和一阶斜压 Rossby 波;Qiu 和 Chen(2006)研究了南太平洋海表面高度时空变化的动力机制等。目前研究大都采用在长波近似条件下带有风应力强迫的线性海洋 Rossby 波模型(张永垂和张立凤,2009a,2009b;Zhang et al.,2010;Zhang et al.,2011),且以对海洋高度场的研究居多。为研究带有西边界的海洋对中高纬西风急流的响应,张永垂、路凯程、张铭等曾建立了一个考虑瑞利摩擦的水平二维正压准平衡海洋模型,对准定常风场强迫下的海洋流场响应进行了解析求解(张永垂等,2011;路凯程等,2011),解释了中纬度北太平洋流场异常的原因。

第 2 章　上层海温的北太平洋环流振荡模态

北太平洋环流振荡模态原始定义是东北太平洋海表面高度异常(SSHA)经验正交函数
(EOF)分解的第二模态,但由于海表温度异常(SSTA)和 SSHA 的变化趋势有很高的相关性
(Cummins et al.,2005),所以也可用 SSTA 的年代际变化反映 NPGO 模态。然而,NPGO 模
态是否仅表现在 SSTA 上? 其在海洋上层是否也存在? 若存在的话,其空间结构特点和时间
尺度如何? 这是深入了解 NPGO 模态要研究的问题。本章将冬季北太平洋上层海温异常作
为整体进行 EOF 分析,以探讨上述问题。为书写方便,以下将 Di Lorenzo 等(2008)定义的
NPGO 模态称之为经典 NPGO。

2.1　资料和方法

研究使用的月平均海温资料由美国 Maryland 大学全球简单海洋同化分析系统(SODA)
提供(Carton et al.,2008),水平分辨率为 $0.5° \times 0.5°$,垂直有 15 层,各层深度分别为 5.01 m、
15.07 m、25.28 m、35.76 m、46.61 m、57.98 m、70.02 m、82.92 m、96.92 m、112.32 m、
129.49 m、148.96 m、171.4 m、197.79 m、229.48 m。同时,研究还使用了 NPGO 指数,NPGO
指数定义为东北太平洋(25°—62°N,180°—110°W)SSHA EOF 分解第二模态对应的时间序列
(下载地址为:http://www.ocean3d.org/npgo)。上述资料均取 1958 年 1 月至 2007 年 12
月,共 600 个月。

研究方法包括回归分析、联合 EOF 分析、小波分析及变差度分析;研究范围则是赤道外北
太平洋海域(20°—60°N,120°E—100°W),以 2 月份海温作为冬季海温的代表。将研究海域 2
月份整层(15 层)的海温异常作为整体进行联合 EOF 分析,得到的不同模态中,各层有相同的
时间系数,这样就可将同一模态中各层的海温异常有机地关联起来。在此得到的 EOF 第二模
态方差贡献为 6.5%,并通过了 North 检验(North et al.,1982)。因篇幅关系,这里仅给出深
度为 25.28 m,112.32 m 和 229.48 m 三层的结果,其可分别代表近表层、次表层和海洋上层
的底部(以下简称上层底)。

变差度定义为:

$$D_j = \text{sign}(a_{j+1} - a_{j-1}) \frac{|a_{j+1} - a_{j-1}|^2}{|a_{j+1}|^2 + |a_{j-1}|^2} \tag{2.1}$$

由于本章所用到的序列$\{a_j\}$值有正负,故上式与曾庆存等(2005)的定义略有不同。在此
乘了符号函数 sign。sign 函数的值由 $a_{j+1} - a_{j-1}$ 的符号决定,当 $a_{j+1} > a_{j-1}$($a_{j+1} < a_{j-1}$)时,其
值取 1(−1)。以上变差度可定量度量序列$\{a_j\}$随时间变化的速率(这里的时间用下标 j 表

示）。易证明有下式成立：

$$\frac{\mid a_{j+1}-a_{j-1}\mid^2}{\mid a_{j+1}\mid^2+\mid a_{j-1}\mid^2}\leqslant 2 \tag{2.2}$$

这样有$-2\leqslant D_j\leqslant 2$。若$D_j=0$，则$a_{j+1}=a_{j-1}$；若$D_j\neq 0$，则表明其在$j-1$和$j+1$时段$a_j$的值有变化。$\mid D_j\mid$越大，这种变化就越快。本章中，$j$表示年份，而$j-1$和$j+1$时段则为2年。曾庆存等（2005）将变差度（其用$d^2$表示）分成4挡：极强（$d^2>0.8$）、强（$0.8\geqslant d^2>0.6$）、稍强（$0.6\geqslant d^2>0.4$）、不强（$d^2\leqslant 0.4$）。本章也按此标准分挡，不过，这里定义变差度强度时采用$\mid D_j\mid$。

2.2　上层海温第二模态特征

2.2.1　空间场

为揭示北太平洋海域经典 NPGO 模态的空间结构，利用赤道外北太平洋海域内 SSTA 与 NPGO 指数求回归，得到回归系数分布（图 2.1a，另见彩图 2.1）。由图可见，北太平洋上 SSTA 呈南北向的偶极子分布，其北部为负值中心，南部为正值中心，这意味着北部的 SSTA 为冷异常，南部的 SSTA 为暖异常，此时类似于经典 NPGO 模态的暖位相。

图 2.1b—d 给出了冬季北太平洋上层海温异常 EOF 第二模态空间场的分布。由图可见，近表层（图 2.1b）在 25°—30°N 的副热带上，从 120°E 向东一直延伸至 150°W 均为正值带，其中在 180°至 160°W 有正的大值区。在中纬度 40°—50°N，即在上述正值带以北，从北太平洋西岸一直向东延伸至 140°W 则为负值带，其后向南弯曲，占有 140°W 以东的东太平洋，其中在 180°至 160°W 则有负的大值区。以上正、负值带构成一个沿纬圈的符号相反的平行带状系统，以下简称双带系统，其上正、负大值区的中心则呈南北偶极子分布，这与经典 NPGO 模态空间结构相似。此外，在日本本州岛东面海域还有小范围强海温异常，表现为很强的正异常中心和较强的负异常中心，两者大致呈南北分布。次表层的海温分布（图 2.1c）与近表层相比，不同的是双带系统和南北偶极中心的海温异常值减小一半左右；此外，本州岛东面海域小范围强海温异常仍存在，空间分布也相似。上层底（图 2.1d）的情况则有所变化，上述的双带系统仅残留一点痕迹，南北偶极子也几乎不见；但日本本州岛东面海域小范围强海温异常仍维持，并相对更加突出。

纵观该模态各层的空间分布可见，在次表层及以上各层的中纬度北太平洋，海温异常表现明显的两个区域分别为北太平洋中部的双带系统和带上的偶极中心，以及日本本州岛以东的小范围强海温异常，这也是该模态的特点所在。尽管本州岛以东的海温异常范围要较前者小得多，但其异常强度却不小，特别是在正异常中心处。NPGO 模态的空间结构在表层和次表层一致，而随着海洋的加深，这种特征逐渐减弱消失，这反映了 NPGO 模态是大气异常强迫的结果。

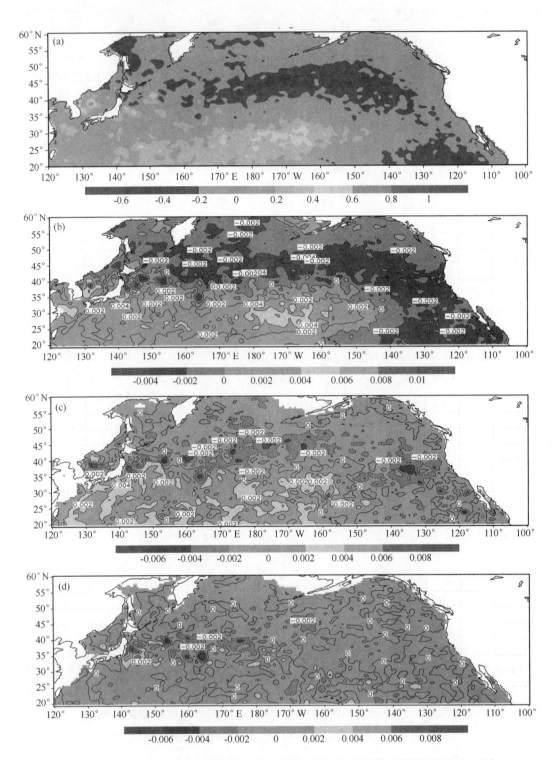

图 2.1　SSTA 对 NPGO 指数的回归系数场及上层海温 EOF 第二模态各深度的空间场
(a)回归系数场；(b)25.28 m；(c)112.32 m；(d)229.48 m

2.2.2　时间系数

从 2 月份 NPGO 指数演变(图 2.2a)可见,其具有年际变化和明显的年代际变化特征。为揭示时间系数的变化规律,对时间系数序列作了小波分析。图 2.2b 给出了冬季 NPGO 指数的小波全谱。由图可见,其年际变化不明显,却有十分明显的准 13 年的年代际变化,此外还有不太明显的准 16 年和 22 年的年代际变化。这与冬季第二模态时间系数的演变趋势(图 2.3a)和小波全谱(图 2.3b)非常相近,区别仅仅在于第二模态时间系数的变化频率相对较高,且没有 16 年的年代际变化。进一步计算了第二模态时间系数与 NPGO 指数的相关系数,其值达 0.7045。对冬季 NPGO 指数和第二模态时间系数均取 5 年滑动平均后,该相关系数可进一步增大至 0.8991。

本章研究的海域是北太平洋,这与经典 NPGO 模态的定义有差异,虽然是对整层海温的联合 EOF 分析,但是北太平洋海温第二模态的空间结构与经典 NPGO 模态暖位相时的空间结构类似(图 2.1a),时间系数的变化趋势和年代际变化周期也与 NPGO 指数非常吻合;因此,可将北太平洋上层海温异常 EOF 第二模态称作上层海温异常的 NPGO 模态。这也说明 NPGO 不单纯反映在 SSHA 和 SSTA 上,在整个冬季北太平洋海域的上层均有表现。

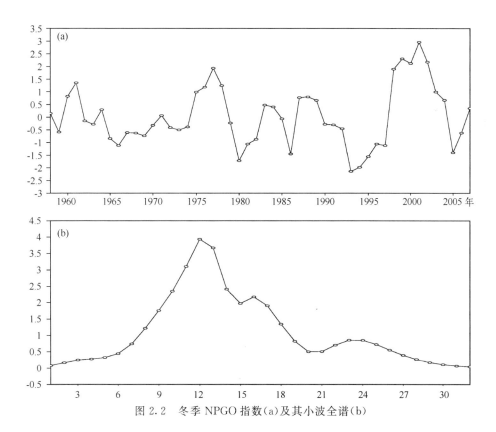

图 2.2　冬季 NPGO 指数(a)及其小波全谱(b)

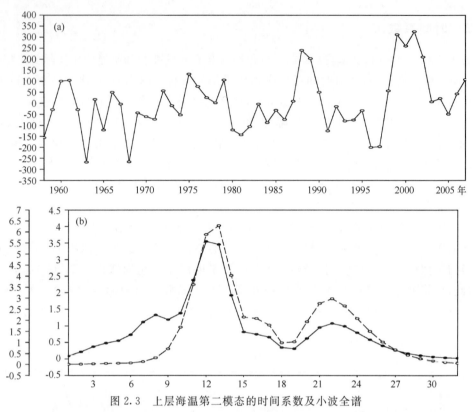

图 2.3　上层海温第二模态的时间系数及小波全谱

（a）时间系数；（b）小波全谱，其中实线为第二模态时间系数的小波全谱，使用原纵坐标；
虚线为经 5 年滑动平均后的第二模态时间系数的小波全谱，使用右侧纵坐标

　　为突出上层海温异常第二模态的年代际变化，滤去年际变化中的高频部分，特别是滤去 ENSO 的影响，对其时间系数 $\{s_j\}$ 做 5 年滑动平均，平均后的时间系数记为 $\{\tilde{s}_j\}$，结果见图 2.4。由图可见滑动平均后年代际变化特征得到凸显，在 20 世纪 70 年代中期以后，其振幅开始增大，特别是自 1995 年以来，其振幅越来越大，这与 Cummins 等（2007）指出的北太平洋 SSTA EOF 第二模态（其反映经典 NPGO 模态的强度变化）正在逐渐加强完全一致。由该图还可见，时间系数在 1976/1977 年和 1988/1989 年附近出现了两次峰值，其与两次气候变迁对应，这表明该模态的年代际变化与气候变迁有着密切的关系。

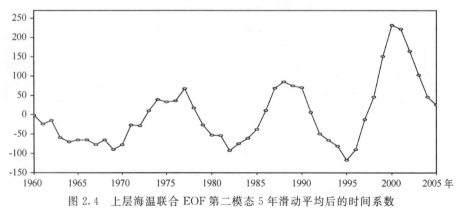

图 2.4　上层海温联合 EOF 第二模态 5 年滑动平均后的时间系数

为进一步揭示该模态的年代际变化尺度,对时间系数$\{\tilde{s_j}\}$也做了小波分析。结果表明(图2.3b),准 13 年周期的年代际变化特征更加明显。

为揭示年际变化,将原时间系数$\{s_j\}$减去 5 年滑动平均后的序列$\{\tilde{s_j}\}$,得到新序列$\{\hat{s_j}\}$,其元素为$\hat{s_j}=s_j-\tilde{s_j}$。图 2.5 给出了 NPGO 模态小于 5 年周期的年际变化。由图可见,从 20 世纪 60 年代至 70 年代中期,年际变化的振幅在减小,而在 70 年代中期以后则逐步增大。在 20 世纪 70 年代中期前,年际变化尺度较短,约为 3 年,而 70 年代中期以后增大至 5 年左右。因热带 ENSO 的时间尺度为 3~7 年,故上述现象也许体现了 NPGO 模态与热带 ENSO 的相互作用(Di Lorenzo $et\ al.$,2011)。Zhou 等(2002)指出,北太平洋 SST 的变化,实际上是年代际变率和年际变率的叠加,且年际变率和热带大洋联系密切;不过,这种相互作用究竟是 ENSO 受 NPGO 的调制,或 NPGO 受 ENSO 的影响,还尚难确定,有待深入研究。

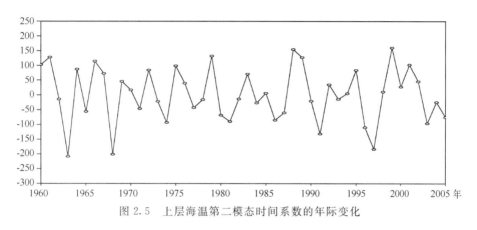

图 2.5 上层海温第二模态时间系数的年际变化

2.2.3 时间系数变差度分析

为叙述方便,将时间系数$\{\tilde{s_j}\}$中$\tilde{s_j}<0(\tilde{s_j}\geqslant0)$的时段称为冷(暖)位相,此时,NPGO 模态中海温异常的空间分布与图 2.1 相反(相同)。在 1960—2005 年期间,共有 3 个冷(暖)位相期,每个冷(暖)位相期的时间尺度约为 13 年;而在 1972/1973 年、1978/1979 年、1985/1986 年、1991/1992 年和 1997/1998 年这 5 年前后,冷、暖位相发生了交替,这意味着海洋上层海温异常发生了反转。在同一冷(暖)位相期间,异常位相虽保持不变,但异常程度则有变化。

为客观定量地反映这种变化,对 5 年滑动平均后的时间系数序列$\tilde{s_j}$进行变差度分析。当变差度 $D_j>0(D_j<0)$时表明暖(冷)位相加强和冷(暖)位相减弱。考察 D_j 随时间的变化可以确定冷、暖位相变化的趋势和速率,即上层海温异常是增强还是减弱,以及其变化的快慢程度。

图 2.6 给出了按上述方法用$\{\tilde{s_j}\}$算得的变差度 D_j 变化折线。分析$|D_j|$的大小发现,在 1961—2004 年的 44 年中,变化不强的有 24 年,变化稍强的有 5 年,变化强的有 5 年,变化极强的有 10 年,且极强延续了 2 年的有 5 次。在极强变化中有 5 年,即 1973、1978、1986、1991 和 1997 年,其$|D_j|$均大于 1.68。这表明在这些年,该模态时间系数的变化非常剧烈,也可认为其有突变发生。

由图 2.6 还可见,发生在 1976/1977 年和 1988/1989 年的 2 次突变,出现在变差度峰值的 3 年后和谷值的 2 年前,即该模态海温正(负)异常突变的 3(2)年后(前);这表明气候年代际突变与 NPGO 的突变关系密切。注意在图 2.6 上 1997 年又出现了峰值,若按以上峰值(谷值)

的规律推测,在 2000 年左右又会发生气候年代际突变,但由于至 2004 年谷值尚未出现,以及受所用资料长度的限制,该气候年代际突变是否真实发生目前尚难认定,也有学者认为已有该突变出现(Kim *et al.*,2004)。不过在进入 21 世纪后,气候、天气等极端事件出现频繁,且灾害屡现确实是不争的事实。

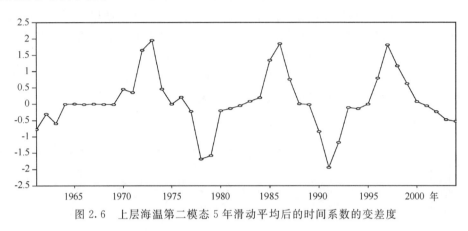

图 2.6   上层海温第二模态 5 年滑动平均后的时间系数的变差度

2.3   冬季上层海温异常北太平洋环流振荡指数

因 5 年平滑后上层海温 EOF 第二模态的时间系数可很好地反映 NPGO 现象,且更加突出了年代际变化,故可用其来定义冬季北太平洋上层海温异常的 NPGO 指数。具体做法是,首先将平滑后该模态时间系数的序列 $\{\tilde{s}_j\}$ 归一化,为真实反映该模态海温异常的冷暖位相,将归一后的值均减去一个常数 $-\dfrac{\tilde{s}_{\min}}{\tilde{s}_{\max}-\tilde{s}_{\min}}$,这样处理后 NPGO 指数的 0 值仍对应于原序列的 0 值;最后将减去该常数后所得的序列作为冬季北太平洋上层海温异常 NPGO 指数 I_w,即有

$$I_{W\,j} = \frac{\tilde{s}_j}{\tilde{s}_{\max}-\tilde{s}_{\min}} \tag{2.3}$$

在此 $\tilde{s}_{\max}=\max\{\tilde{s}_j\}$,$\tilde{s}_{\min}=\min\{\tilde{s}_j\}$。注意,在上式中,当 $\tilde{s}_j=0$ 时有 $I_{Wj}=0$。

表 2.1 给出了在 1960—2005 年的指数值。I_w 随时间演变的形态与图 2.4 相同,仅纵坐标的标度不同(图略)。易证明,用该指数计算的变差度与图 2.5 完全相同。由此可见,以上关于序列 $\{\tilde{s}_j\}$ 及其变差度的讨论中得到的结论可同样适用于 I_w 及其变差度上,这里不再赘述。因此该指数能够反映冬季北太平洋上层海温异常 NPGO 模态的年代际变化。

表 2.1   1960—2005 年冬季海温异常的 NPGO 指数

年份	1960	1961	1962	1963	1964	1965	1966	1967	1968	1969
指数	−0.005	−0.069	−0.042	−0.170	−0.201	−0.187	−0.186	−0.222	−0.187	−0.257
年份	1970	1971	1972	1973	1974	1975	1976	1977	1978	1979
指数	−0.223	−0.077	−0.082	0.028	0.113	0.095	0.103	0.194	0.049	−0.077
年份	1980	1981	1982	1983	1984	1985	1986	1987	1988	1989
指数	−0.152	−0.155	−0.266	−0.215	−0.175	−0.109	0.031	0.197	0.244	0.214

年份	1990	1991	1992	1993	1994	1995	1996	1997	1998	1999
指数	0.201	0.017	−0.142	−0.190	−0.232	−0.336	−0.258	−0.036	0.131	0.431
年份	2000	2001	2002	2003	2004	2005				
指数	0.664	0.636	0.470	0.294	0.132	0.073				

将指数 I_w 与 Di Lorenzo 等（2008）定义的经典 NPGO 指数比较后可知，两者变化的大趋势相同（图略），相关系数可达 0.78。因所用资料和处理手段的不同（前者用海洋上层的整层海温异常，还做了 5 年滑动平均，而后者用 SSHA），故两者有些差异也是很自然的；但两者均能反映 NPGO 现象，而前者可更好反映海洋上层海温异常的 NPGO 模态，且可更加突出地反映 NPGO 的年代际变化。不过，由于得到指数 I_w 时用了 5 年滑动平均，故其不宜用于讨论像 NPGO 与 ENSO 之间关系等具有年际变化的问题。

2.4　本章小结

本章利用较高分辨率的 SODA 资料，对冬季赤道外北太平洋上层海温异常做了整层 EOF 分析，并针对第二模态的结果进行了讨论，主要结论如下：

（1）空间模态在次表层以上 27°N 附近，从 120°E 至 140°W 为海温正异常带，在其北有与之平行的负异常带，构成双带系统；其上有南北偶极中心，这与经典 NPGO 相似；在本州岛以东海域有小范围的海温强异常。

（2）时间系数具有显著的准 13 年周期的年代际变化，自 20 世纪 70 年代中期以来，其振幅越来越大，这与经典 NPGO 相同；1976/1977 和 1988/1989 年的两次气候年代际突变其上均有反应。

（3）北太平洋上层海温第二模态表现了与经典 NPGO 模态空间结构和时间系数相同的特征，意味着海洋上层中亦存在 NPGO 模态，可称其为北太平洋冬季上层海温异常的 NPGO 模态；并定义了冬季北太平洋上层海温异常的 NPGO 指数 I_w。

（4）分析时间系数的变差度发现，多数年份属不强挡次，但 1973、1978、1986、1997 和 1991 年出现连续 2 年的极强挡次，这表明在这些年，上层海温异常 NPGO 模态的变化非常剧烈，也可认为其有突变发生。

第3章　海表温度与海平面气压的耦合模态

研究认为北太平洋的 PDO 模态与大气中的阿留申低压(AL)异常强迫有关(Chhak and Di Lorenzo,2009),NPGO 模态与大气中的北太平洋涛动(NPO)有关(Ceballos *et al.*,2009)。PDO 模态和 NPGO 模态以及其相应的大气异常强迫,不但能从长时间序列的卫星观测资料中获得,而且可在海洋模式回报试验中得到证实(Chhak and Di Lorenzo,2009;Qiu and Chen,2010),并能在 IPCC AR4 海气耦合模式中得到验证(Furtado *et al.*,2011)。现已初步认识到 NPGO 模态是海气相互作用的结果,但两者间联系的物理过程尚待深入研究。本章讨论了热带外北太平洋海域冬季的海平面气压异常(SLPA)和海表面温度异常(SSTA)的空间模态特征、时间系数演变及其耦合关系。

3.1　资料和方法

研究使用的月平均 SST 资料来自于美国国家气候数据中心(NCDC)的 ERSST.v3(Smith *et al.*,2008)及美国 Maryland 大学全球简单海洋同化分析系统提供的 SODA(Carton *et al.*,2008),其中 ERSST.v3 的空间分辨率为 $2° \times 2°$,时间范围为 1950 年 1 月至 2008 年 12 月,共计 708 个月,而 SODA 的空间分辨率为 $0.5° \times 0.5°$,时间范围为 1958 年 1 月至 2007 年 12 月,共 600 个月;月平均 SLP 和纬向风场(UWND)资料则来自于 NCEP/NCAR(Kalnay *et al.*,1996),空间分辨率为 $2.5° \times 2.5°$,时间范围为 1948 年 1 月至 2009 年 12 月,共计 744 个月。同时,本章还使用了 PDO 指数和 NPGO 指数,PDO 指数的定义为 20°N 以北太平洋海表面温度距平 EOF 分解的第一模态对应的时间序列(下载地址为:http://jisao.washington.edu/pdo/pdo.latest),NPGO 指数的具体介绍见上章 2.1 节。

用每年 1 月份的月平均大气要素和 2 月份的月平均海洋要素来代表冬季。为滤去全球变暖背景的影响,分别对 SST、SLP 及 UWND 进行了去线性趋势处理。同时,因大气变化比海洋活跃,在统计分析前首先对 SLP 和 UWND 做了 5 年滑动平均,以便滤去其年际变化中的高频部分;而海洋资料则直接进行分析。

研究采用了奇异值分析(SVD;魏凤英,2007)、EOF 分解及联合 EOF 分解、回归分析、小波分析等方法,联合 EOF 分解的区域为(20°—60°N,110°E—110°W),SSTA 资料来自于 SODA,并在进行联合 EOF 分析前,分别将 SSTA 和 SLPA 插值到 $1° \times 1°$ 的网格点上;其他方法的研究区域为(24°—62°N,110°E—110°W),SSTA 资料来自于 ERSST.v3。

3.2　海面温度异常及海面气压异常的主要模态特征

3.2.1　回归分析

为揭示北太平洋海域经典 PDO 模态和 NPGO 模态的空间结构,利用研究海域内 1950—2008 年冬季 SSTA 与 PDO 指数和 NPGO 指数分别进行回归分析。

图 3.1 给出了回归系数场分布图,由图可见,与 PDO 指数回归得到的结果(图 3.1a)表现为,北美西岸和北太平洋中纬度 SSTA 符号相反,中纬度地区有负值中心;与 NPGO 指数回归得到的结果(图 3.1b)表现为,北太平洋上 SSTA 呈南北向的偶极子分布,其北部有负值中心,南部有正值中心,这意味着北部的 SST 有冷异常,南部的 SST 暖异常。

根据 PDO 和 NPGO 不同的空间结构,可分为冷、暖位相,或称为冷、暖"事件"。经典 PDO 暖位相时,北太平洋中部为冷异常,沿北美西岸为暖异常,相应的 PDO 指数则为正值;反之,则为经典 PDO 冷位相,相应的 PDO 指数为负值。经典 NPGO 暖位相时,北太平洋南部为暖异常,北部为冷异常,南北向偶极子温度异常呈北冷南暖态势。相应的 NPGO 指数为正值;反之则为经典 NPGO 冷位相,该指数为负值。图 3.1a 和图 3.1b 的空间分布分别为经典 PDO 和经典 NPGO 的暖位相,图上的正、负值可理解为暖、冷异常。

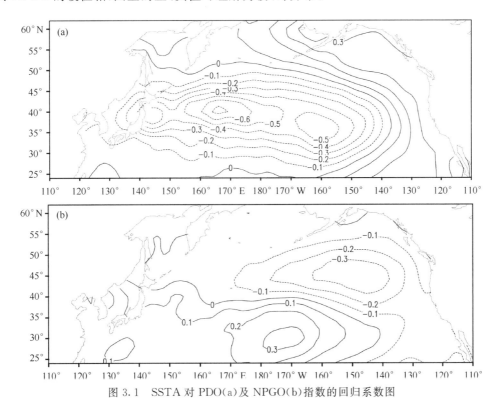

图 3.1　SSTA 对 PDO(a)及 NPGO(b)指数的回归系数图

为揭示北太平洋及其周边大气 SLPA 的主要模态与 PDO 和 NPGO 的关系,将 1950—2008 年冬季 SLPA 与 PDO 和 NPGO 指数做回归分析,回归系数场分布如图 3.2 所示。可以看出,SLPA 与 PDO 指数的回归系数场在北太平洋只有一个负异常中心,呈椭圆形分布,其与图 3.6a 揭示的 AL 模态的空间分布类似,只是符号相反;SLPA 与 NPGO 指数的回归系数场则表现为南正北负的偶极子分布,其与图 3.6b 揭示的 NPO 模态的空间分布类似,也仅符号相反。为了更客观地表现这种特性,计算了 SLPA EOF 第一模态(AL 模态)空间场(图 3.6a)与 PDO 指数回归场(图 3.2a)的场相关系数,以及第二模态(NPO 模态)空间场(图 3.6b)与 NPGO 指数回归场(图 3.2b)的场相关系数;两个相关系数分别达到了 −0.8640 和 −0.7644,这表明二者的相关程度高。这里相关系数均是负值,是由于图 3.6a、b 给出的冬季北太平洋 SLPA EOF 第一模态(AL 模态)和第二模态(NPO 模态)的空间场均为负位相,而回归系数场则均为正位相的缘故(参见图 3.2a 和图 3.2b),此时 SLPA EOF 第一、第二模态的时间系数与 PDO、NPGO 指数也呈负相关。

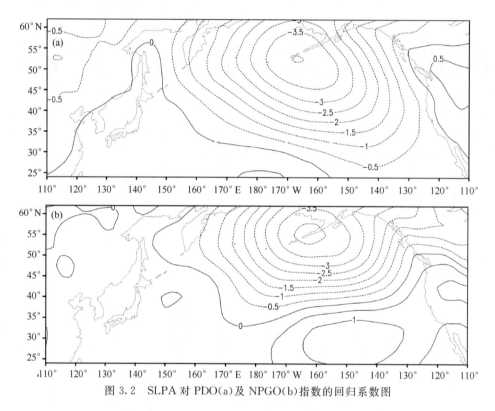

图 3.2　SLPA 对 PDO(a)及 NPGO(b)指数的回归系数图

以上分析表明,PDO 模态对应于大气 AL 异常强迫,而 NPGO 模态则对应于大气 NPO 异常强迫,这与观测和模式模拟的结果相符。

3.2.2　EOF 分解

3.2.2.1　SSTA

对 1950—2008 年的冬季 SSTA 作 EOF 分解,第一、第二模态的方差贡献分别为 31.79% 和 17.64%,均通过了 North 检验(North *et al.*,1982)。

图 3.3a 和图 3.3b 分别是 SSTA EOF 分解第一、二模态的空间结构。可以看出,SSTA 第一模态空间场表现为北太平洋中纬度地区有大值中心,且中心值的符号与北美西岸相反,与

经典 PDO 模态类似,只是符号相反(图 3.1a);第二模态空间场表现为,北太平洋上的正、负值带构成了包含南北偶极型的双带系统,其上正、负大值区中心位于 175°W 附近,与经典 NPGO 模态类似,也只是符号相反(图 3.1b)。为了更客观定量地表现这种相似性,分别计算了北太平洋 SSTA 第一和第二模态的空间场与经典 PDO 模态和经典 NPGO 模态空间结构的场相关系数,其值分别为 −0.9852 和 −0.9542。可见,北太平洋海域冬季 SSTA 的 EOF 分解第一和第二模态的空间分布与经典的 PDO 和 NPGO 的空间分布非常相似,仅符号相反。

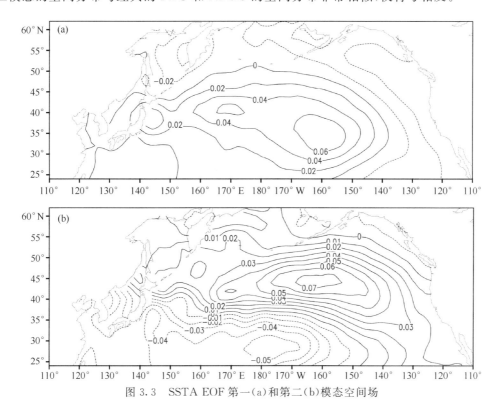

图 3.3　SSTA EOF 第一(a)和第二(b)模态空间场

图 3.4a 和图 3.4b 为冬季 SSTA 第一和第二模态时间系数,其与 PDO 指数和 NPGO 指数的相关系数分别为 −0.9478 和 −0.7447,相关性也较高;这两个相关系数均是负值,也是因 SSTA EOF 分解的第一、二模态的空间场分布(见图 3.3a、b)与经典 SSTA 的 PDO、NPGO 模态空间场的位相相反。

从图 3.4a 可见,SSTA 第一模态时间系数在 1976 年之前,以正值占优,变化的频率较慢;1976 年之后,以负值占优,变化的频率加快;从图 3.4b 可见,在 20 世纪 80 年代中期之前,第二模态时间系数上的振幅普遍较小,且变化频率也较快;在之后,则振幅普遍增大,且变化频率也变慢。这表明,北太平洋 SSTA 的第一模态在 1976 年后时间系数的变化频率加快,第二模态则在 20 世纪 80 年代后该变化频率减慢。由该图还可见,第一模态时间系数值在 1976 年明显由正变负,而 1988 年后虽然由负变正,但时间不长,随即在 1990 年又变为负;第二模态时间系数值在 1975 年由正变负,但负值不大,在 1980 年后又转为正值并持续到 1986 年,而 1989 年后由负变正且持续时间较长。由此可知,1976/1977 年和 1988/1989 年的气候迁移分别在第一模态和第二模态时间系数序列上表现明显,说明北太平洋 SSTA EOF 第一模态在 1976/1977 年的气候迁移中发挥主要作用,而第二模态则在 1988/1989 年气候迁移中发挥主要作用，且第二模态的作用在 20 世纪 90 年代后越来越重要（Yeh *et al.*，2011）。

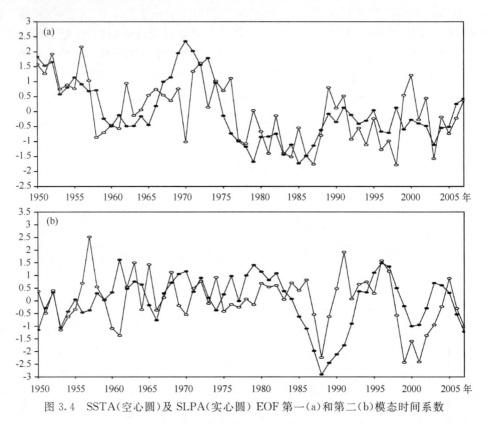

图 3.4　SSTA（空心圆）及 SLPA（实心圆）EOF 第一（a）和第二（b）模态时间系数

　　对时间系数作小波分析（图 3.5）可见，北太平洋冬季 SSTA 第一模态主要表现为准 22 年的年代际变化，与对冬季 PDO 指数的小波全谱结果一致；而第二模态则主要表现为准 13 年的年代际变化，与 2.2 节中对 NPGO 指数的小波全谱结果一致。

　　以上分析表明，北太平洋海域冬季 SSTA EOF 分解第一、二模态的空间分布与经典的 PDO、NPGO 模态的空间结构十分相似，只是符号相反；而其第一、二模态时间系数的变化趋势也与 PDO、NPGO 指数的相似，仅符号相反。这样北太平洋 SSTA 的第一、二模态也分别表现为 PDO 和 NPGO 模态。

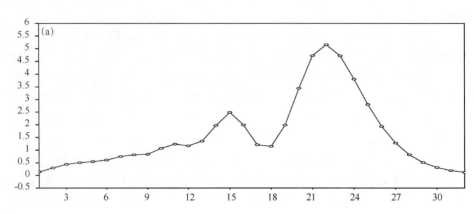

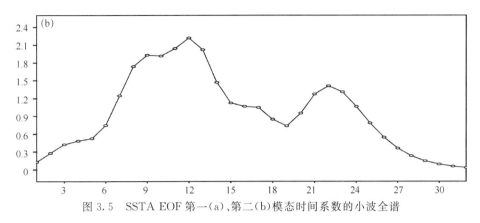

图 3.5　SSTA EOF 第一(a)、第二(b)模态时间系数的小波全谱

3.2.2.2　SLPA

对 1950—2008 年的冬季 SLPA 作 EOF 分解,其第一、第二模态的方差贡献分别为 49.95% 和 17.25%,均通过了 North 检验。

图 3.6a、b 分别给出了 SLPA EOF 分解的第一、二模态的空间场。由图可见,第一模态的空间结构表现为在北太平洋范围内只有一个正异常中心,异常区域呈椭圆形分布,为 AL 模态的负位相;第二模态的空间结构表现为正负异常中心呈南负北正的偶极子分布,南部的负中心位于(28°—40°N,175°E—150°W),北部的正中心位于(55°—62°N,175°E—155°W),为 NPO 模态的负位相。

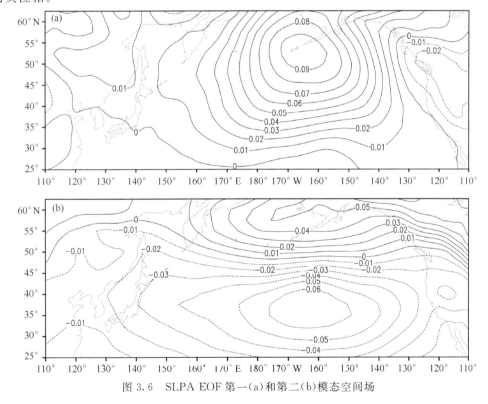

图 3.6　SLPA EOF 第一(a)和第二(b)模态空间场

从冬季 SLPA 第一和第二模态时间系数的演变可见(参见图 3.4),其有明显的年代际变化。由图 3.4 可见,SLPA 第一和第二模态时间系数的变化规律与 SSTA 时间系数的变化规

律类似。图 3.7 给出了时间系数的小波全谱,可见冬季北太平洋 SLPA 第一模态主要表现为准 22 年的年代际变化;而第二模态则主要表现为准 13 年的年代际变化,及较弱的准 18 年的年代际变化。这反映了北太平洋 SSTA 和 SLPA 的第一模态和第二模态都有相同的变化周期,预示着 SLPA 与 SSTA 的第一模态和第二模态可能分别存在耦合关系。

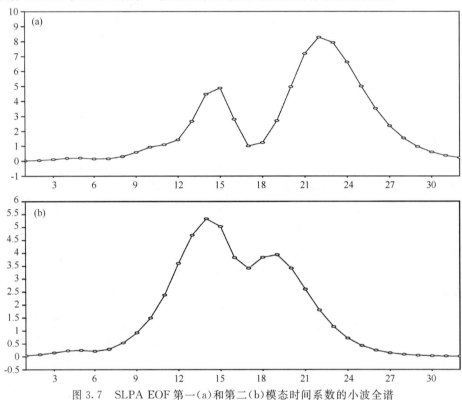

图 3.7　SLPA EOF 第一(a)和第二(b)模态时间系数的小波全谱

3.2.3　时间系数变差度

利用第 2 章给出的方法,对冬季 SSTA 和 SLPA 的第二模态,即 NPGO 和 NPO 模态的时间系数序列分别进行变差度分析,结果见图 3.8。由图可见,SSTA 的变差度 D_j 在 1954、1963、1978 和 1990 年(1960、1986 和 1997 年)均有非常明显的尖峰(谷)出现,其绝对值 $|D_j|$ 均大于 1.0,这些年变差度均属极强档次;除 1976 年外,这些年份的 $|D_j|$ 均大于 1.5,1976 年 $|D_j|$ 虽未达 1.5,但其前 2 年该值就较大,在图 3.8 上形成了宽谷形态。这表明在这些年附近,SSTA 第二模态时间系数的变化非常剧烈,可认为其有突变。值得注意的是,从变差度的峰谷值来看,该模态的变差度既包括突变,还存在年代际尺度的变化特征,且该时间系数的突变在 20 世纪 80 年代后增多。

SLPA 的变差度 D_j 在 1958、1993 和 2003 年(1984 和 1999 年)均有非常明显的尖峰(谷)出现,除 1958 年外,这些年份 $|D_j|$ 均大于 1.5,而 1958 年 $|D_j|$ 也接近 1.5。这同样表明在这些年附近,SLPA 第二模态的时间系数变化非常剧烈,可认为其有突变。从 20 世纪 50 年代中至60 年代 D_j 有一峰,70 年代,几乎无峰谷,80 年代后,峰谷值明显增大,$|D_j|$ 均达 1.5 以上,这说明该模态的突变在 20 世纪 80 年代后增多,且突变特征也有年代际尺度的变化特征。

　　总体来看,SSTA 时间系数的突变要比 SLPA 多;在 1984 年前,大气 NPO 模态与海洋 NPGO 模态的变差度变化大体处于反相状态,之后两者大体处于同相状态;且在 1988 年后, NPGO 模态的振幅明显增大,这就意味着海洋的 NPGO 模态可能在海气耦合中发挥着越来越重要的作用。注意到,1988 年是气候迁移之年,NPO 模态时间系数发生了突变,此时两者变差度的位相配置已发生反转,这表明 1988/1989 年的气候迁移与大气 NPO 模态的突变有很大关系,而 NPO 模态的变化与 NPGO 模态突变有关,这与 Yeh 等(2011)的结论一致。

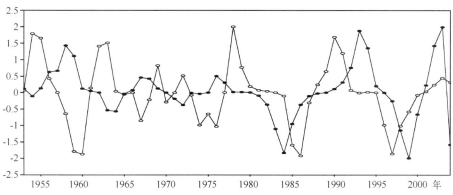

图 3.8　SLPA(空心圆)和 SSTA(实心圆)第二模态 5 年滑动平均后的时间系数的变差度

3.3　海面温度异常和海面气压异常的主要耦合模态

3.3.1　SVD 分析

　　SVD 方法是分析两个物理量场相关的一种有效方法(张永垂和张立凤,2009a),也是提取海气耦合信号常采用的统计方法,该方法计算简单,耦合信号的物理含义清晰。为揭示 SSTA 和 SLPA 的主要耦合模态,以 SLPA 为左场、SSTA 为右场进行了 SVD 分析,其第一耦合模态和第二耦合模态方差贡献分别为 60.17% 和 19.54%,时间系数的相关系数分别为 0.71 和 0.69。

　　SLPA EOF 第一和第二模态空间场与 SVD 左场的第一耦合模态和第二耦合模态的相关系数分别为 0.7559 及 0.6398,时间系数相关系数为 0.9235 及 0.8256;而 SSTA EOF 第一和第二模态空间场与 SVD 右场的第一耦合模态和第二耦合模态的相关系数分别为 0.9412 及 0.6043,时间系数相关系数为 0.9742 及 0.6128。这说明,SVD 左场的第一和第二耦合模态分别可看作 SLPA 的 AL 模态和 NPO 模态;相应的,SVD 右场的第一和第二耦合模态分别可看作 SSTA 的 PDO 模态和 NPGO 模态。

3.3.1.1　空间结构

　　首先,对第一耦合模态的空间结构进行分析(图 3.9a 和 b)。SLPA 场在北太平洋有一个异常中心,呈椭圆形分布,类似于 AL 模态的空间结构。SSTA 场表现为北太平洋中纬度地区有大值中心,且中心值的符号与北美西岸相反,类似于 PDO 模态的空间结构。该耦合模态的分布表明:当 SLPA 在北太平洋中部为显著的正异常时,与之相对应,SSTA 在中纬度北太平洋中部也呈现显著的正异常。

其次,对第二耦合模态的空间结构进行分析(图3.9c和d)。SLPA场在北太平洋有两个显著的正、负异常区域呈南北耦极子分布,类似于NPO模态的空间结构,其中正负值带交汇在40°N左右。SSTA场显著的正值区域在(38°—45°N,140°E—170°W)及北美沿岸,显著的负值区域在(24°—35°N,120°E—160°W),正负中心的分布类似于NPGO模态的空间结构;黑潮延伸区大致位于上述正负值中心的交汇处。该耦合模态的分布表明:当SLPA在北太平洋的中高纬度为显著正异常时,与之相对应,SSTA在北太平洋的中纬度中西部也呈现显著正异常;同样,当SLPA在北太平洋中低纬度为显著负异常时,与之相对应,SSTA在北太平洋中低纬中部和西部也呈现显著负异常。由此可知,该耦合模态反映了北太平洋中纬度的中部和西部是大气NPO模态和大洋NPGO模态相互作用的关键海域,且与黑潮延伸区的关系密切,第5章5.4节将从大气环流和大洋环流耦合的角度对此做进一步的阐述。

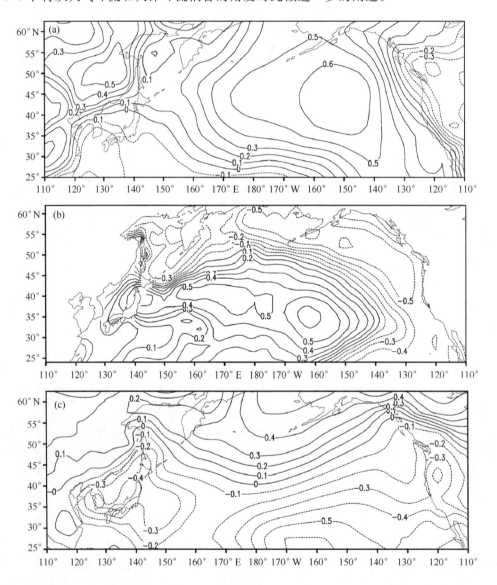

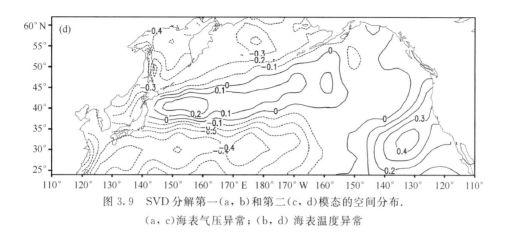

图 3.9　SVD 分解第一(a，b)和第二(c，d)模态的空间分布.
(a，c)海表气压异常；(b，d)海表温度异常

3.3.1.2　时间系数

图 3.10 给出了北太平洋 SLPA(图 3.10a 和 b)及 SSTA(图 3.10c 和 d)第一和第二耦合模态的时间系数变化。由图可见,时间系数的变化趋势与图 3.4 基本一致。SLPA 第二模态时间系数在 1981 年后由正变负,而 SSTA 第二模态时间系数则在 1985 年左右也由正变负,这说明 SLPA 上表现出的气候迁移要早于 SSTA。

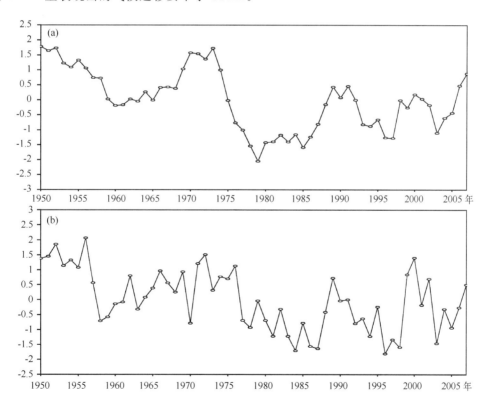

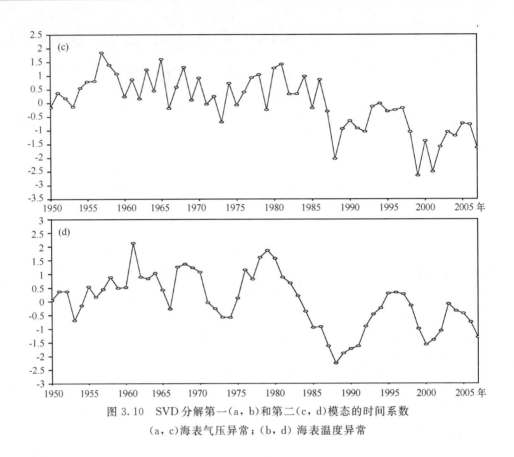

图 3.10　SVD 分解第一(a，b)和第二(c，d)模态的时间系数
(a，c)海表气压异常；(b，d) 海表温度异常

3.3.2　联合 EOF 分解

联合 EOF 分解的优势就是可以得到两个物理量场同步时间变化部分的空间结构，可以揭示两者间的耦合关系。以下联合 EOF 分解的区域为($20°$—$60°$N，$110°$E—$110°$W)，SSTA 资料来自于 SODA，并且在进行联合 EOF 分析前，分别将 SSTA 和 SLPA 插值到 $1°×1°$的网格点上。对 SLPA 与 SSTA 进行联合 EOF 分解，得到的第一、二模态的方差贡献分别为 42% 和 17%，均通过了 North 检验。本节中只分析其第二模态。

3.3.2.1　时间演变

SLPA 与 SSTA 联合 EOF 分解的第二模态时间系数演变(图 3.11)有明显的年代际变化，并与单独 SLPA EOF 第二模态(NPO 模态)的时间系数变化趋势相近；而与单独 SSTA EOF 分解的第二模态(NPGO 模态)的时间系数比较，总体变化趋势大体一致，但其差异要比 NPO 模态略大。

为叙述方便，将该联合 EOF 第二模态时间系数序列中大于零的时段称为正位相(对 SLPA)或暖位相(对 SSTA)，反之则称为负位相或冷位相。由图 3.11 可见，在 20 世纪 80 年代之前，该时间系数负位相的振幅较小，正负位相交替变化的频率也较快；80 年代之后，其负位相振幅明显加大，正负位相交替变化的频率也变慢。图 3.12 给出了该时间系数的小波全谱，可见其有明显的准 13 年周期的年代际变化，这与单独的 NPO 和 NPGO 的年代际变化周期相同。

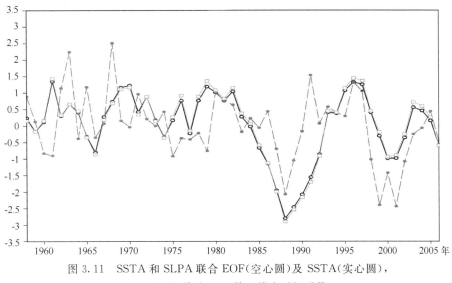

图 3.11　SSTA 和 SLPA 联合 EOF(空心圆)及 SSTA(实心圆)，
SLPA(□)单独 EOF 第二模态时间系数

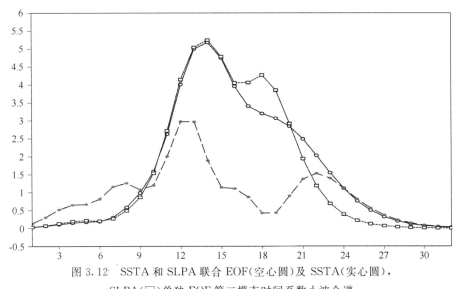

图 3.12　SSTA 和 SLPA 联合 EOF(空心圆)及 SSTA(实心圆)，
SLPA(□)单独 EOF 第二模态时间系数小波全谱

3.3.2.2　空间结构

图 3.13a 给出了联合 EOF 第二模态中 SLPA 的空间场分布。由图可见，在 20°—47°N 的副热带，从 140°E 向东延伸至 110°W 均为负值带；其中负的大值区中心在(35°N,165°W)附近。在 50°—60°N 的中高纬，即在上述负值带以北，从 140°E 向东延伸至 110°W 则为正值带，其中在(60°N,170°W)附近有正的大值中心。以上正、负值带在北太平洋上构成一个双带系统，其正、负大值中心则构成南北偶极子分布，这与 NPO 模态负位相空间结构相似。

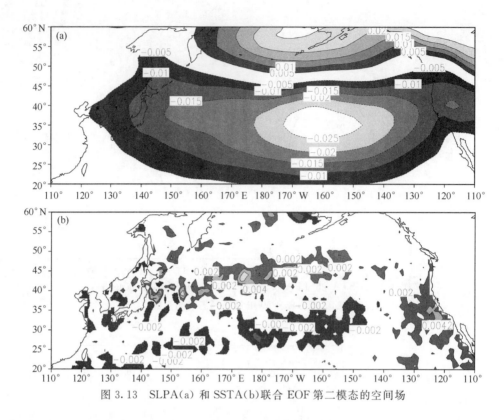

图 3.13　SLPA(a) 和 SSTA(b)联合 EOF 第二模态的空间场

　　图 3.13b 给出了联合 EOF 第二模态中 SSTA 的空间场分布。由图可见,在 28°N 附近的副热带上,从 140°E 向东延伸至 150°W 附近均为负值带,其上有负的大值中心,约在(28°N,180°)附近。在上述负值带以北的 45°N 附近,从 150°E 向东延伸至 130°W 则为正值带,其上有正的大值中心,约在(43°N,175°E)附近。以上正、负值带也构成了双带系统,其上正、负大值区的中心也构成南北偶极子分布,这与经典 NPGO 模态负位相空间结构相似。

　　注意到以上模态是将 SLPA 和 SSTA 作为一个整体进行联合 EOF 分析得到的,故该模态中 SLPA 和 SSTA 两者有共同的时间系数,这也表明,大气中的 NPO 模态与海洋中的 NPGO 模态有着密不可分的联系,在联合 EOF 分解中构成了同一个模态,并呈现同步变化。该模态反映了在 NPGO 模态形成中海气耦合的作用。

3.4　海面温度异常和海面气压异常的耦合关系分析

3.4.1　理论分析

　　海洋直接或间接地受大气强迫,且主要通过风应力、海表面压力和浮力等机制来实现,其中,风应力的动力作用是主要的;海洋对大气的强迫主要是通过 SST 对大气的非绝热加热或冷却作用改变大气环流的状况,而环流的改变,进一步改变了海洋表面的风应力和热通量,风应力的改变使得海洋环流发生了变化,进而影响海洋的热力结构,这种反馈的作用进一步加强了 SST 的异常。如果把海洋和大气看成是彼此独立的系统,则风应力和 SST 就是两者作用的纽带。

对中纬度大尺度天气系统,风场与气压场满足准地转关系:

$$u \approx u_g = -\frac{1}{f\rho}\frac{\partial p}{\partial y} \tag{3.1}$$

(3.1)式表明地面西风异常正比于 SLPA 的经向梯度。图 3.14 给出了以上联合 EOF 分解的 SLPA 第二模态空间场经向梯度在 165°W 的剖面廓线。因联合 EOF 分解第二模态中的 SLPA 场与 NPO 模态一致,故其不仅能反映 SLP 的异常,其经向梯度还反映了地面西风的异常。

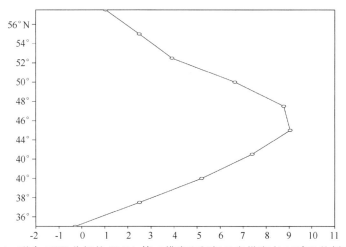

图 3.14　联合 EOF 分解的 SLPA 第二模态空间场经向梯度在 165°W 的剖面廓线

同样,对中纬度海洋中的大尺度系统,海洋流场 u_o 与压力场 p_o 虽然在表层因受风应力旋度的强迫和边界层耗散的影响,不满足准地转关系,但是在次表层辐射等非绝热加热影响不大,此时可认为分别有以下的准地转关系和静力平衡关系成立:

$$u_o \approx u_{og} = -\frac{1}{f\rho_o}\frac{\partial p_o}{\partial y} \tag{3.2}$$

$$\frac{\partial p_o}{\partial z} = -\rho_o g \tag{3.3}$$

这里 u_{og} 为地转海流,ρ_o 为海水的密度。在考虑了海洋的状态方程 $\rho_o = \rho_s[1-\alpha(T-T_s) + \gamma(S-S_s)]$ 后(在此 ρ_s,T_s,S_s 分别为海水密度、温度和盐度的标准值,α,γ 为比例系数,均取为常数);由(3.2)和(3.3)式可得:

$$\frac{\partial u_o}{\partial z} \approx \frac{\partial u_{og}}{\partial z} = \frac{g}{f\rho_o}\frac{\partial \rho_o}{\partial y} \approx \frac{g}{f\rho_0}\frac{\partial \rho_o}{\partial y} \approx \frac{g}{f}\frac{\partial[-\alpha T + \gamma S]}{\partial y} \approx -\frac{g\alpha}{f}\frac{\partial T}{\partial y} \tag{3.4}$$

(3.4)式中的最终结果略去了盐度 S 的影响,这在海温异常经向梯度远大于盐度异常经向梯度时是合适的。由(3.4)式可知,在次表层及以下,海洋纬向流异常的垂直梯度正比于海温异常的经向梯度。对(3.4)式在垂直方向取差分近似后有:

$$\frac{u_{os} - u_{ob}}{\Delta z} \approx -\frac{g\alpha}{f}\frac{\partial T}{\partial y} \tag{3.5}$$

其中 u_{os} 为次表层海流,u_{ob} 为深层流,Δz 为次表层到深层的厚度。因次表层海流 u_{os} 要较深层流 u_{ob} 大许多,故略去后者,这样可得次表层纬向流异常与次表层海温异常经向梯度之间的诊断关系:

$$u_{os} \approx -\frac{g\alpha\Delta z}{f}\frac{\partial T}{\partial y}\infty -\frac{\partial T}{\partial y}\infty -\frac{\partial T_{sur}}{\partial y} \qquad (3.6)$$

在此 T_{sur} 为次表层海温;上式表明,次表层纬向流异常正比于次表层海温异常的经向梯度。

　　因 NPO 模态和 NPGO 模态都呈双带结构,故在北太平洋的中纬度地区,存在着 SLPA 和次表层海温的经向梯度大值带,而该梯度大值带与地面西风和次表层纬向流密切相关(分别参见公式(3.1)、(3.6))。注意到在公式(3.1)中还包含了地转参数 f,而其值随着纬度的降低而减小;故若经向气压梯度相同,偏南地区的地面西风会更大,地面西风大值带的位置可能要较地面气压经向梯度大值带的位置更偏南;而地面西风急流轴与海洋上层西风漂流轴的位置则应相近,事实也正是这样(参见图 3.15)。

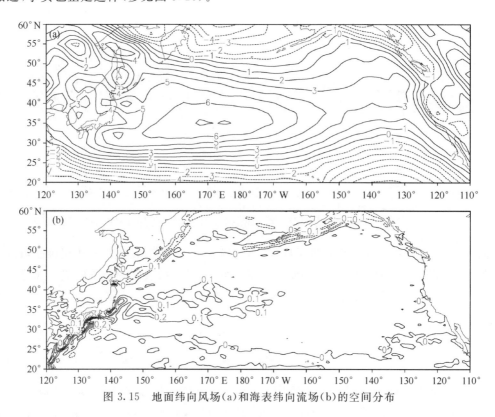

图 3.15　地面纬向风场(a)和海表纬向流场(b)的空间分布

3.4.2 纬向西风的作用

　　上节从理论上分析了大气 NPO 模态、纬向西风、次表层纬向流及 NPGO 模态的相互关系,下面采用实际资料,对研究区域内的 UWNDA 进行 EOF 分析,并初步探讨纬向西风与 PDO 模态及 NPGO 模态的关系,在第 5 章中将会进一步讨论风场和流场之间的耦合关系。

　　图 3.16 分别为 UWNDA 第一模态的空间结构、SLPA 第一模态时间系数与 UWNDA 的回归系数场及 UWNDA 第一模态时间系数与 SSTA 的回归系数场。可以看出,UWNDA 第一模态在北太平洋中部(25°—42°N)存在一个椭圆形负值中心,而在北美西海岸则存在一个正异常中心,UWNDA 的回归系数场与其第一模态的空间场结构类似,而且 UWNDA 第一模态的时间系数与 SLPA 第一模态时间系数的相关系数可达 0.94,这说明大气中的 AL 模态对应

着 UWNDA 的第一模态。UWNDA 第一模态时间系数与 SSTA 的回归系数场在中纬度存在一个椭圆形正异常中心，北美西海岸则存在一个负异常中心，类似于 PDO 的空间结构，这说明 UWNDA 第一模态，也即地面西风大值区与 PDO 的形成密切相关。以上分析说明，AL 通过与地面西风的联系，从而影响 PDO。

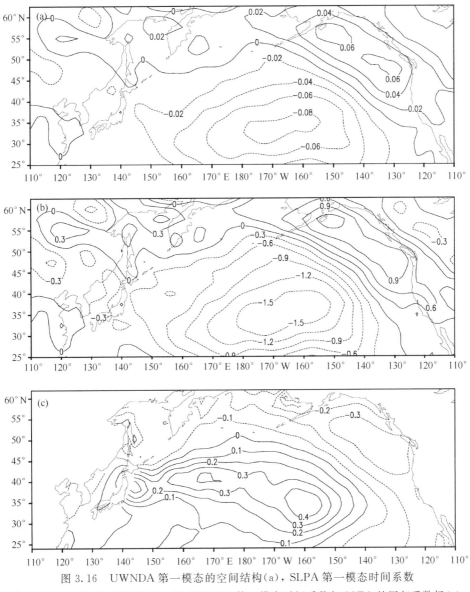

图 3.16　UWNDA 第一模态的空间结构(a)，SLPA 第一模态时间系数
与 UWNDA 的回归系数场(b)，及 UWNDA 第一模态时间系数与 SSTA 的回归系数场(c)

图 3.17 分别为 UWNDA 第二模态的空间结构、SLPA 第二模态时间系数与 UWNDA 的回归系数场及 UWNDA 第二模态时间系数与 SSTA 的回归系数场。可以看出，UWNDA 第二模态在北太平洋中部(40°—50°N)存在一个椭圆形负值中心，这与 SLPA EOF 分析时第二模态空间场中正负中心的梯度大值区相对应；UWNDA 的回归系数场与其第二模态的空间场结构类似，均在(40°—50°N)存在一个椭圆形负值中心，而该区域正是地面西风大值区；且

UWNDA第二模态的时间系数与SLPA第二模态时间系数的相关系数可达0.93,这进一步说明大气中的NPO模态对应着UWNDA的第二模态。图3.17c在中纬度中西部存在一个正负大值带,类似于NPGO的空间结构,说明NPGO的形成与UWNDA第二模态,也即地面西风大值区密切相关。以上分析证明,NPO通过与地面西风的联系,从而影响NPGO。

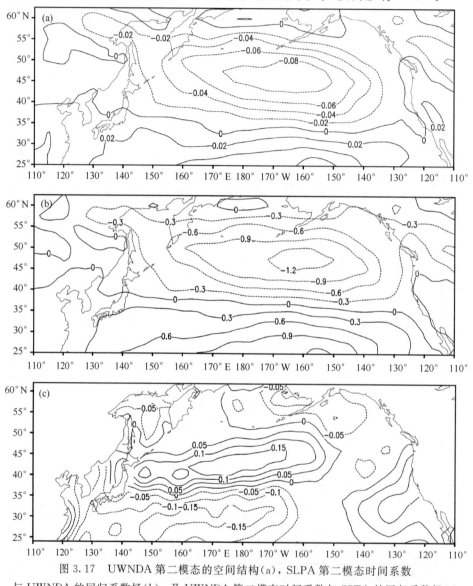

图3.17　UWNDA第二模态的空间结构(a),SLPA第二模态时间系数
与UWNDA的回归系数场(b),及UWNDA第二模态时间系数与SSTA的回归系数场(c)

　　综合以上分析可见,大气AL模态和NPO模态均是通过地面纬向西风对海洋PDO模态和NPGO模态产生影响的,区别仅仅在于AL模态对应的纬向西风大值带纬度偏南,而NPO模态对应的纬向西风大值带纬度偏北,分界线在40°N左右。对冬季北太平洋实际地面纬向风场进行分析可见(图3.15a),在30°—45°N之间确实分布着地面西风极值带,而该区域也是UWNDA EOF第一模态和第二模态空间场的叠加。因此,当地面纬向西风带偏南时,PDO模态增强,反之,NPGO模态应更明显。

3.4.3　讨论

下面对大气 NPO 模态、纬向西风、海洋上层纬向流及 NPGO 模态的关系进行讨论。若 SVD 分析和联合 EOF 分解的第二模态中 SLPA 场处于负位相,其双带结构表明,北带有正 SLPA,南带有负 SLPA(图 3.9c、图 3.13a),中纬度存在 SLPA 经向梯度大值区;此时其空间结构与 NPO 模态负位相类似。由(3.1)式可知,此时与该经向梯度大值区对应的有地面西风急流的减弱,从而造成海表西风漂流的减弱,即黑潮亲潮延伸流(KOE)和北太平洋流(NPC)的减弱,而这又会使相应次表层大洋环流减弱;此时由(3.6)式可知,这必然造成次表层海温经向梯度的增加,并会造成相应 SSTA 经向梯度的增加,从而使 SSTA 北正南负的分布形态增强,而该形态即是该第二模态中 SSTA 场的冷位相,其空间结构与经典的 NPGO 模态冷位相类似。这样上述 SLPA 的负位相就会增强 NPGO 模态的冷位相,减弱其暖位相。

若 SVD 分析和联合 EOF 分解的第二模态中 SSTA 场处在冷位相,其双带结构表明,北带有正 SSTA,南带有负 SSTA(图 3.9d、图 3.13b),中纬度有 SSTA 经向梯度大值区;海洋对大气的感热作用,则会造成近海面气温异常也有同样的分布态势,即大气低层在正 SSTA 处气温高,在负 SSTA 处气温低;而大气低层气温高处则气压低,气温低处则气压高;这意味着 SLPA 存在北低南高的分布态势,而这正是该第二模态中 SLPA 场的正位相。由此可见,该第二模态中海洋 SSTA 的冷位相则会增强大气 SLPA 的正位相,也即减弱其负位相。

综上,SVD 分析和联合 EOF 分解的第二模态中 SLPA 场和 SSTA 场之间有如下的海气耦合关系:大气 SLPA 的负位相会增强海洋 SSTA 的冷位相,而海洋 SSTA 的冷位相则会减弱大气 SLPA 的负位相。通过海气耦合,北太平洋中纬度海面风场、气压场和海洋上层流场、海温场四者达到动态平衡。这同时也表明,大气 NPO 与海洋 NPGO 两者密不可分,中高纬地面西风急流与西风漂流是该海气相互作用中的关键系统。

3.5　本章小结

本章对冬季北太平洋海域的 SLPA 和 SSTA 分别做了 EOF 分解、联合 EOF 分解及 SVD 分析,以揭示两者之间的耦合关系,主要得到以下结论:

(1)SVD 分析的空间结构显示,第一、二耦合模态分别反映的是 AL 模态与 PDO 模态以及 NPO 模态与 NPGO 模态之间的联系。

(2)联合 EOF 第二模态的空间场上,SLPA 和 SSTA 的正、负值带均构成双带系统,其上有偶极中心出现,这与经典的 NPO 和 NPGO 的空间结构相似。

(3)联合 EOF 第二模态时间系数变化趋势与 NPO 模态和 NPGO 模态的基本一致,并有明显准 13 年周期的年代际变化。

(4)对 SVD 分析和联合 EOF 分解的第二模态来说,SLPA 的负位相会增强 SSTA 的冷位相,而 SSTA 的冷位相则会减弱 SLPA 的负位相,反之亦然。

(5)对 UWNDA 的 EOF 分解表明,其第一、二模态分别与 PDO 和 NPGO 关系密切。

(6)AL 模态对应的地面纬向西风大值带纬度偏南而 NPO 模态的则偏北,当该西风带偏南时,PDO 模态明显,反之则 NPGO 模态明显。

(7)大气 NPO 与海洋 NPGO 两者密不可分,中高纬地面西风急流和西风漂流是该海气相互作用中的关键系统。

第 4 章　北太平洋大洋环流异常分析

以上几章分析了北太平洋海表温度、上层海温和海表面气压场,探讨了 NPGO 模态的特征及与海表面气压的关系。但这些分析均是针对热力学变量,并未涉及海洋流场,而流场是大洋中最重要的动力学变量。因表层流场直接受风应力驱动,并会对风应力强迫做出直接响应,故流场异常在海气相互作用中起着重要作用。另一方面,由于大尺度的海洋流场满足准地转平衡和准静力平衡关系,海水涌升会造成海洋的动力降温,故海温异常与大洋环流异常有着紧密的联系。由此可见,海表温度场表现出的 PDO 与 NPGO 两个主要模态在大洋环流异常中也应有反映。为考察冬季北太平洋大洋环流异常及其与 NPGO 模态的联系,本章对流场做了复经验正交函数(CEOF)分析,得到了流场的空间模态和时间演变,讨论了各模态的年际、年代际变化及其与 NPGO、PDO 的联系。

4.1　资料和方法

研究所用资料为美国 UMD 的 Carton 逐月全球海洋同化分析资料,时段为 1950 年 1 月到 2001 年 12 月,共 52 年,覆盖(60°S—60°N)的全球海洋。资料为高斯网格,在本章研究范围内(19.5°—50.8°N,120°E—100°W)分辨率约为 1°×1°,垂直分为 8 层,其深度分别为 112.5,97.5,82.5,67.5,52.5,37.5,22.5,7.5 m。仍以 2 月份代表冬季。路凯程等(2011)指出,北太平洋大洋环流明显异常的区域仅占整个北太平洋的很小部分,其主要出现在关键区(27.5°—39.6°N,134.5°—154.5°E)中,因此本章对关键区也进行了分析。

水平流场的两个分量可采用 CEOF 分解(曾庆存,1974;张东凌,2006)。具体操作步骤是:对上述 8 个深度上的流场(u,v)分别计算 52 年平均的 2 月份气候场$(\bar{u},\bar{v})$,并将各年 2 月的月平均流场减去该气候场,得到 8 个等深面上各年 2 月流场异常(u',v')。然后将各等深面上的流场异常(u',v')作为一个整体进行 CEOF 分析,得到上层流场异常主要模态的空间结构和时间系数,各层空间结构对应相同的时间系数。注意,此时 CEOF 主要模态的空间场和时间系数都是复数,其中空间场的模表示各模态流场异常的流速大小,辐角则表示其流向;而时间系数的模则反映空间场的强弱,辐角表示空间场的状态。

将 8 个等深面上的流场异常看作一个整体进行 CEOF 分析,其第一、二模态的方差贡献分别为 9.85% 和 7.26%,均通过了 North 检验;但这两个模态方差贡献都不是很大,这可能是因为明显异常的区域仅占北太平洋的很小一部分,同时海洋的层数取得较多(8 层)可能也是一个原因。对关键区上层流场异常的 CEOF 分解第一、二模态的方差贡献分别为 18.5% 和 13.1%,较北太平洋 CEOF 分解的方差贡献约提高 1 倍。受篇幅限制,本章仅讨论了深度为 22.5 m 和 112.5 m 的空间结构,称为近表层和次表层(下同)。

在 CEOF 分解各模态的空间场中,利用各层的纬向流异常和经向流异常可直接计算其散度场异常,对散度场异常在垂直方向积分则可算得相应的垂直运动异常,此时取海气界面处的海洋垂直运动异常 $w \approx 0$。若 $w > 0$($w < 0$)则对应于上升(下沉)运动异常;而由近表层的垂直运动异常则可方便地决定 SSTA 的动力变化($w > 0$,动力降温;$w < 0$,动力增温)。

4.2　大洋环流复经验正交函数分析

4.2.1　第一模态

4.2.1.1　空间场

　　图 4.1a 和图 4.1b 给出了 CEOF 分解第一模态大洋环流异常在近表层、次表层的空间场。可以看出:在近表层,以 38°N 为界,大洋环流异常在北太平洋中东部表现为南北向辐散场,并略带气旋式旋转,该辐散场为北太平洋海盆尺度(以下简称为海盆尺度)的系统;在大洋接近西海岸处的流场异常要比大洋中东部大很多;在日本本州岛的东南方,存在一个较强的椭圆形气旋涡旋,其长轴呈北东北至南西南走向,中心位于(34°N,143°E)。在次表层,北太平洋中部存在一个海盆尺度气旋式旋转的大洋环流(图中椭圆圈,箭头表示环流流向);在大洋接近西海岸处,流场异常也比大洋中东部大很多,且分布形态也与近表层类似。在西海岸附近的上述气旋性涡旋从近表层到次表层均存在。在整个海洋上层,第一模态空间场的结构差异不大,这说明海洋上层流场具有正压性。

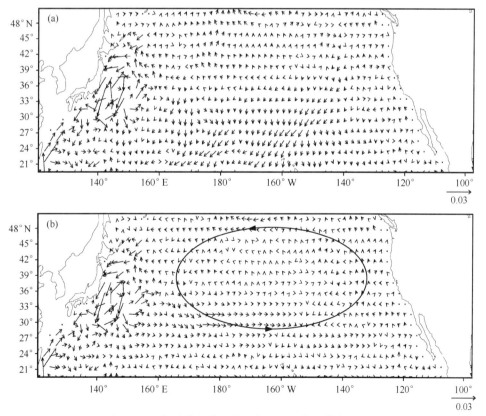

图 4.1　北太平洋大洋环流异常 CEOF 第一模态空间场

(a)近表层;(b)次表层

4.2.1.2　时间系数

从第一模态时间系数的辐角(图 4.2a)可见,其辐角大体集中在 0°和±180°附近。这表明辐角有两个状态,可分别称其为 A,B 态。当辐角为 A 态时,其流场异常的分布与该模态的空间场相同,而当辐角为 B 态时,其流场异常的流向则与该模态的空间场相反。

从第一模态流场异常时间系数的模(图 4.2b)可见,其值每年各不相同,为此可求其 52 年平均值。各年以该平均值为界,可将其划分为两个态:大于等于该平均值的称为强模态,用 S 表示;小于该平均值的则称为弱模态,用 W 表示;而各年模的数值则决定了其流场异常的强弱程度,数值越大则流场异常越强。

根据第一模态时间系数模和辐角的分类,可得以下 4 种配置组合:相似强模、相反强模、相似弱模、相反弱模,分别记为 AS,BS,AW,BW。这里相似与相反均是对第一模态空间场而言。在此 AS 和 BS 是两个强异常的态,对于 AS 态,上述海盆尺度气旋式旋转的大洋环流和西海岸附近的气旋涡旋均很强,而对 BS 态,则流向发生 180°反转,且流动强度也很大。

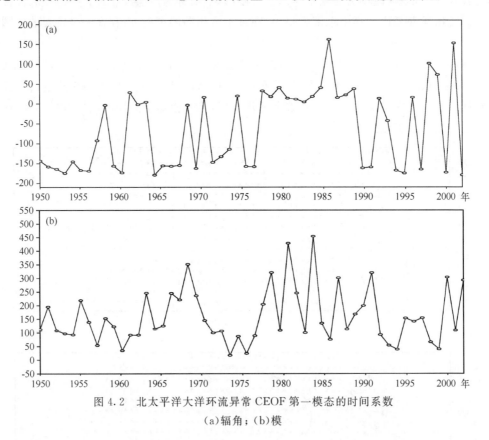

图 4.2　北太平洋大洋环流异常 CEOF 第一模态的时间系数
(a)辐角;(b)模

因辐角处于 A,B 两个状态,这样可用符号＋,－来反映该点;为此可将时间系数的模做以下处理:当辐角处于状态 A 时,取其模值;当辐角处于状态 B 时,则取该模值的负数;如此处理后可得到一个新的实数序列,不妨称之为实时间系数序列。该实时间系数序列能综合反映辐角和模的时间演变,且操作方便,故以下均对实时间系数来进行讨论。图 4.3a 给出了第一模态实时间系数序列的折线图。

利用该系数序列也能得到上述的 AS,BS,AW,BW 4 种配置组合。具体做法是,当该序列值为非负值时,为 A 态,反之为 B 态;再对该实时间系数序列的绝对值求 52 年的平均值,当实时间系数序列的绝对值大于等于该平均值时,则为 S 态,反之为 W 态;将以上状态进行组合,即得上面 4 种配置组合。这样,从复时间系数序列和实时间系数序列得到的 4 种配置组合是相同的。

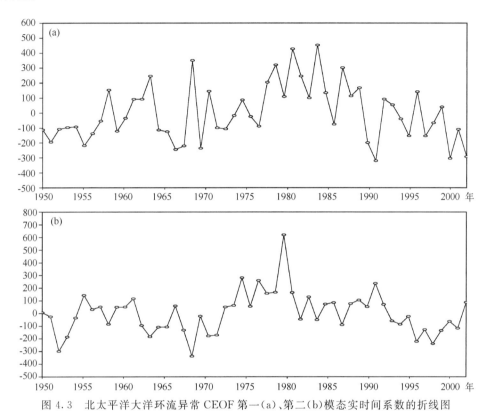

图 4.3　北太平洋大洋环流异常 CEOF 第一(a)、第二(b)模态实时间系数的折线图

4.2.2　第二模态

4.2.2.1　空间场

图 4.4a 和图 4.4b 给出了 CEOF 分解第二模态大洋环流异常在近表层、次表层的空间场。可以看出,在近表层和次表层,大洋环流异常在中高纬度为海盆尺度的气旋式环流,中低纬度为海盆尺度的反气旋式环流(图中两个椭圆圈,箭头表示环流流向);在大洋接近西海岸处流场异常同样要比大洋中东部大很多;在本州岛以东海域有反气旋涡旋存在。次表层与近表层的空间场差异不大,即正压性明显。

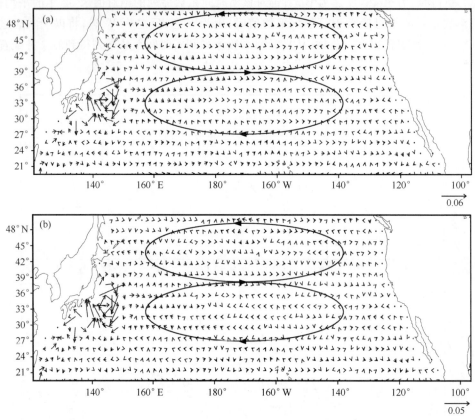

图 4.4　北太平洋大洋环流异常 CEOF 第二模态空间场
(a)近表层；(b)次表层

4.2.2.2　时间系数

　　从第二模态时间系数的辐角图(图 4.5a)上可见,辐角值也有两个状态,也可称之为 A 和 B 态。这点与第一模态类似,但与第一模态不同的是其辐角集中在 30°附近(A 态)和-150°附近(B 态)。由图 4.5a 还可见,第二模态在两个状态上的离散度要较第一模态大。从第二模态时间系数的模(图 4.5b)上可见,其各年的大小也有明显差别。仿照第一模态的做法,也可将该模值划分为两个态:强模态 S 和弱模态 W;第二模态也能得到以下 4 种配置组合:AS,BS,AW,BW。同样在此 AS 和 BS 是两个强异常的态。对于 AS 态,则在中高(中低)纬度海盆尺度的气旋(反气旋)式大洋环流很强,在本州岛以东的反气旋涡旋也很强;而对 BS 态,则大洋环流和上述涡旋的流向发生 180°反转,且其强度也很大。仿照第一模态的做法,也可得第二模态的实时间系数序列,其折线图见图 4.3b。在此也可用该实时间系数序列确定 AS,BS,AW,BW 这 4 种配置组合,方法与第一模态相同。同样,复时间系数序列和实时间系数序列得到的这 4 种配置组合也是相同的。

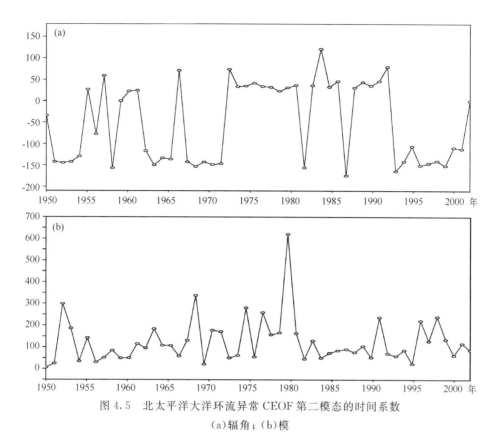

图 4.5　北太平洋大洋环流异常 CEOF 第二模态的时间系数

(a)辐角；(b)模

综合第一、第二模态空间结构可知：无论第一模态还是在第二模态，流场异常均由两部分组成。一部分是海盆尺度的大洋环流异常，这部分异常较弱，但范围大；该部分会造成海盆尺度的垂直次级环流，从而引起海盆尺度的海温动力变化，形成 PDO、NPGO 模态；对这点在本章第 4.4 节中还要深入讨论。另一部分是因海洋西部强化所造成的流场异常，其位于海洋西边界附近海域，分布范围较小，但流场异常十分明显，且异常多呈现涡旋形式。这部分由于分布范围较小，看来对形成 PDO、NPGO 模态影响很小，仅影响西海岸附近的局地强海温异常，如日本本州岛以东的海温强异常(图 2.1b～d)。不过以上两部分的流场异常均是由同一风应力驱动的(因海洋上层流场是风生流)，故两者均包含在 CEOF 模态的同一空间场中，而两者的变化则受同一时间系数的控制，这说明两者具有不可分割的联系。对此在第 5～7 章中还要做进一步的讨论。

4.2.3　大洋环流异常的年代际变化

4.2.3.1　第一模态

表 4.1 给出了北太平洋大洋环流异常 CEOF 第一、第二模态实时间系数四种状态配置。由该表可见，流场第一模态的 A，B 态具有持续性。若略去长度为 1 年的 A，B 态的转换，则对第一模态有如下规律：1950—1960 年为 B 态，1961—1963 年为 A 态，1964—1976 年为 B 态，1977—1988 年为 A 态，1989—1990 年为 B 态，1991—1992 年为 A 态，1993—2001 年为 B 态。这样 B 态的年数有 35 年，若略去持续时间为 5 年以下的项，则平均 B 态的持续长度为 11 年。

同理 A 态的年数有 27 年,平均 A 态的持续长度为 12 年。由上可知,第一模态从 A 态转到 B 态,再由 B 态转回到 A 态,这样一个完整转换周期的长度为 23 年,而这与 PDO 的准 22 年周期相近。

表 4.1　北太平洋大洋环流异常 CEOF 第一、第二模态实时间系数的状态配置

年份	1950	1951	1952	1953	1954	1955	1956	1957	1958	1959
第一模态	BW	BS	BW	BW	BW	BS	BW	BW	AW	BW
第二模态	AW	BW	BS	BS	BW	AS	AW	AW	BW	AW
年份	1960	1961	1962	1963	1964	1965	1966	1967	1968	1969
第一模态	BW	AW	AW	AS	BW	BW	BS	BS	AS	BS
第二模态	AW	AW	BW	BS	BW	BW	AW	BS	BS	BW
年份	1970	1971	1972	1973	1974	1975	1976	1977	1978	1979
第一模态	AW	BW	BW	BW	AW	BW	BW	AS	AS	AW
第二模态	BS	BS	AW	AW	AS	AW	AS	AS	AS	AS
年份	1980	1981	1982	1983	1984	1985	1986	1987	1988	1989
第一模态	AS	AS	AW	AS	AW	BW	AS	AW	AW	BS
第二模态	AS	BW	AS	BW	AW	AW	BW	AW	AW	AW
年份	1990	1991	1992	1993	1994	1995	1996	1997	1998	1999
第一模态	BS	AW	AW	BW	BW	AW	BW	BW	AW	BS
第二模态	AS	AW	BW	BW	BW	BS	BS	BS	BS	BW
年份	2000	2001								
第一模态	BW	BS								
第二模态	BW	AW								

为了反映第一模态的年代际变化,实时间系数序列兼顾了辐角和模的变化,现对该序列作小波分析。图 4.6a 给出了第一模态实时间系数的小波全谱。由图可见,其曲线分布呈单峰型,主峰的年代际变化周期为准 20 年,其与 PDO 的周期相近;此外还有不明显的准 7 年的年际变化。

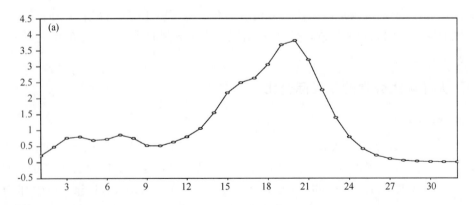

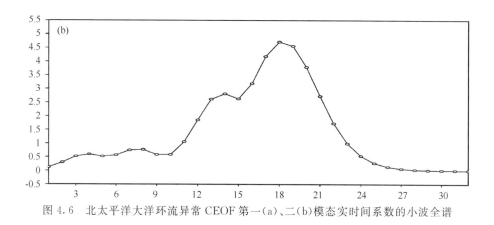

图 4.6　北太平洋大洋环流异常 CEOF 第一(a)、二(b)模态实时间系数的小波全谱

4.2.3.2　第二模态

从表 4.1 可见,流场第二模态的 A,B 态也具有持续性。按第一模态的做法,可知第二模态有如下规律:1950 年为 A 态,1951—1954 年为 B 态,1955—1961 年为 A 态,1962—1971 年为 B 态,1972—1980 年为 A 态,1981—1983 年为 B 态,1984—1991 年为 A 态,1992—2000 年为 B 态,2001 年为 A 态。这样 B 态的年数有 26 年,平均 B 态长度为 9.5 年。A 态的年数 26 年,平均 A 态长度则为 8 年。这样一个完整转换周期的长度为 17.5 年。

为了更准确地反映第二模态的年代际变化,现对其实时间系数作了小波分析,图 4.6b 给出了第二模态该系数的小波全谱。由图可见,在年代际变化周期上,虽然准 18 年的周期非常明显,但是准 14 年的周期也清晰可见,后者与 NPGO 的周期相近;此外还有不甚明显的准 4、准 8 年的年际变化周期。

综上所述,从实时间系数的变化看,第一(二)模态中均存在较为明显的准 20(14)年左右的年代际变化周期,这与 PDO(NPGO)的年代际变化周期相同。

4.3　关键区大洋环流复经验正交函数分析

4.3.1　第一模态

4.3.1.1　空间场

图 4.7a、b 给出了关键区海域流场异常 CEOF 分解第一模态在近表层和次表层的空间场。由图可见,在近表层,日本本州岛东南海域存在一个反气旋涡旋,其中心位于(34.5°N,144.0°E)。关键区次表层流场异常的空间结构与近表层差异不大,这同样说明海洋上层的流场具有正压性。

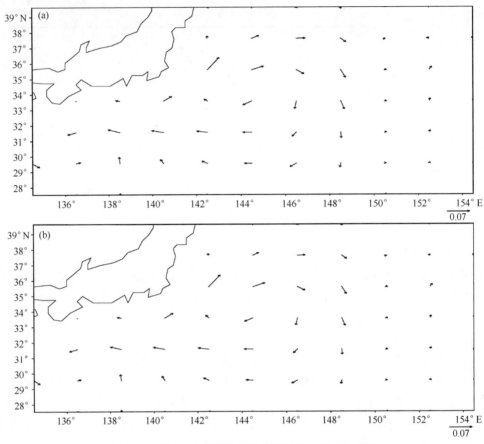

图 4.7　关键区大洋环流异常 CEOF 第一模态空间场

(a)近表层；(b)次表层

4.3.1.2　时间系数

关键区第一模态时间系数的辐角(图 4.8a)也大体集中在 0°和±180°附近,故该辐角的分布也有两个状态 A,B。

第一模态时间系数模(图 4.8b)的大小各年有所不同,仿照以上做法,也可得到以下 4 种配置组合:AS,BS,AW,BW。在此 AS 和 BS 是两个强异常的态,对于 AS 态,空间场的反气旋涡旋很强,而对 BS 态,则气旋涡旋强度很大。

同样,也可得到实时间系数序列(见图 4.9a)。

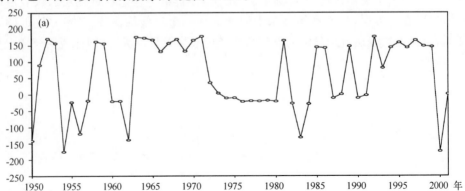

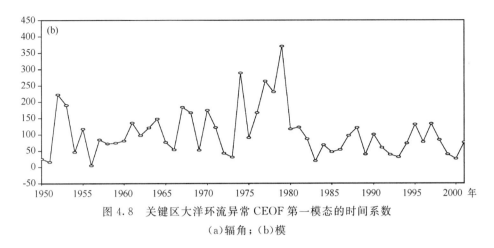

图 4.8　关键区大洋环流异常 CEOF 第一模态的时间系数
(a)辐角；(b)模

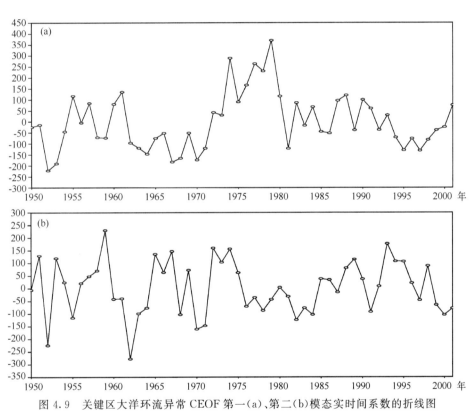

图 4.9　关键区大洋环流异常 CEOF 第一(a)、第二(b)模态实时间系数的折线图

4.3.2　第二模态

4.3.2.1　空间场

图 4.10a,b 给出关键区 CEOF 分解第二模态在近表层和次表层上的空间场。由图可见，在近表层，日本本州岛以南海域存在一个明显的反气旋式环流，以东海域则存在一个较弱的气旋式环流。次表层流场异常的空间结构与近表层差异也不大，这进一步说明海洋上层的流场具有正压性。

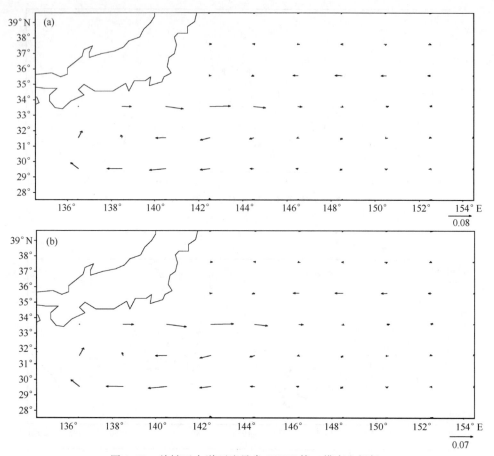

图 4.10　关键区大洋环流异常 CEOF 第二模态空间场

(a)近表层；(b)次表层

4.3.2.2　时间系数

从关键区第二模态时间系数的辐角(图 4.11a)可见,与第一模态相同,其辐角也大体集中在 0°和±180°附近,不过此时离散度比第一模态要大。这样该辐角分布仍有两个状态 A 和 B。A 状态的流型即为空间场,B 状态的流型则其流向与 A 状态相反。

从关键区第二模态时间系数的模(图 4.11b)可见,其大小也各年有所不同,同样也可分为强模态 S 和弱模态 W。这样也有 4 种配置组合,即 AS,BS,AW,BW。

同样也可得到实时间系数序列,图 4.9b 出了关键区第二模态实时间系数序列的折线图。

4.3.3　关键区流场异常的年代际变化

为揭示关键区流场异常的年代际变化,对关键区流场 CEOF 分解第一、第二模态的实时间系数做了小波分析。图 4.12a 给出了其实时间系数的小波全谱。由该图可见,其有非常明显的准 18 年和较强的准 14 年的年代际变化周期,前者略小于 PDO 的年代际变化周期;此外还有弱的准 7 年的年际变化周期。图 4.12b 给出了其实时间系数的小波全谱。由该图可见,其有明显的准 15 年的年代际变化周期,这与 NPGO 的周期相近;此外还有十分明显的 9~10 年的变化周期。

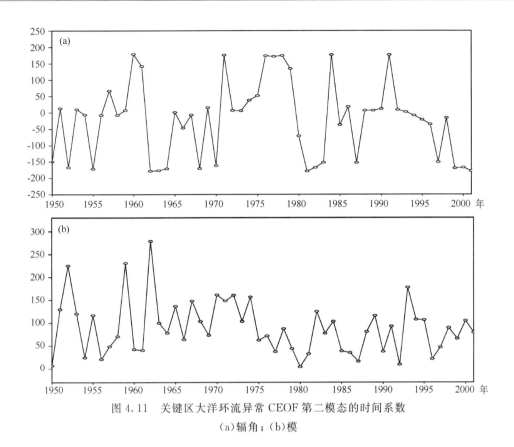

图 4.11　关键区大洋环流异常 CEOF 第二模态的时间系数

(a)辐角；(b)模

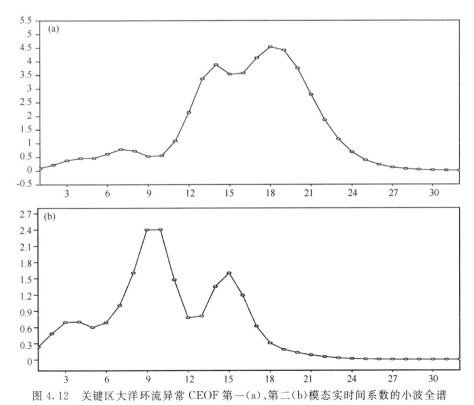

图 4.12　关键区大洋环流异常 CEOF 第一(a)、第二(b)模态实时间系数的小波全谱

综上,关键区第一模态的年代际变化反映了 PDO 的影响,第二模态的年代际变化反映了 NPGO 的影响。

4.4　大洋环流异常与海面温度异常的关系

由以前各章的分析可知,PDO 模态和 NPGO 模态分别具有准 20 年和准 13 年周期的年代际变化,而本章对北太平洋海流异常作 CEOF 分析的结果显示,其第一、二模态的年代际变化周期分别与 PDO、NPGO 的相同或接近,这表明 PDO、NPGO 模态在大洋环流上也有反映。

为进一步揭示北太平洋大洋环流异常 CEOF 分析第一、第二模态与 PDO 模态和 NPGO 模态的关系,利用 SSTA 与 CEOF 第一、第二模态的实时间系数求回归,得到回归系数场(图 4.13a 和 4.13b)。这里为了与经典 PDO 模态(图 3.1a)和 NPGO 模态(图 3.1b)的空间结构作对比分析,北太平洋的范围取(24°—62°N,110°E—110°W)。

由图 4.13a 可见,SSTA 与第一模态实时间系数得到的回归系数场分布表现为,在北太平洋中部存在一个椭圆形的负值区,负值中心位于(35°N,160°W)附近,北美西岸为正值区,类似于经典 PDO 模态的暖位相(参见图 3.1a)。由图 4.13b 可见,SSTA 与第二模态实时间系数得到的回归系数场分布表现为,以 40°N 为界,其北的北太平洋海域,从 140°E 附近向东一直延伸至 160°W 为负值带,其上有负值中心;其南的副热带海域,从 140°E 附近向东一直延伸至 135°W 附近均为正值带,其上有正值中心,两者构成南正北负的双带系统,在北太平洋中部,两者的中心呈南北向的偶极子分布,这类似于经典 NPGO 模态的暖位相(参见图 3.1b),只是南部的正值带在 160°W 以东略向北弯曲。

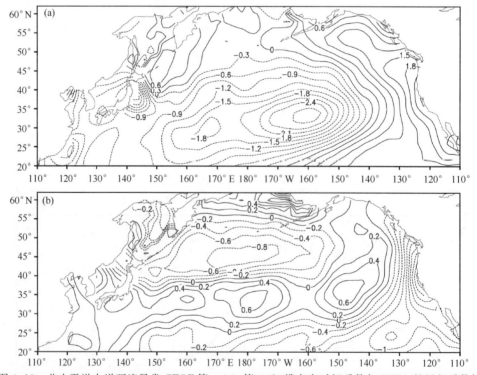

图 4.13　北太平洋大洋环流异常 CEOF 第一(a)、第二(b)模态实时间系数与 SSTA 的回归系数场

　　由此可见,北太平洋大洋环流第一、二模态实时间系数的回归系数场,其与经典的 SSTA 的 PDO 和 NPGO 模态的空间分布态势非常类似,即大洋环流的第一、二模态分别相应于 PDO、NPGO 模态。

　　大洋环流的分布通过辐合辐散激发垂直运动,而垂直运动又会改变海温的分布,下面通过计算北太平洋大洋环流第一、二模态对应的垂直运动,分析海温变化的动力原因,进一步揭示大洋环流模态与 PDO、NPGO 模态的关系。

　　图 4.14a(另见彩图 4.14)给出了大洋环流 CEOF 分析第一模态对应的近表层垂直运动异常场。由图可见,在北太平洋中部为海盆尺度的上升运动区,最大值位于区域的中部,在该上升运动区周边则有下沉运动。这种垂直运动分布会造成 SST 的变化,上升运动区有 SST 的动力降温,最大降温区在北太平洋海盆的中心附近;在下沉运动区则有 SST 的动力升温;这就造成了 SST 负异常区域在北太平洋中部,在该区域周边则为正异常区。这种 SSTA 的分布与第 3 章中 SSTA EOF 第一模态(PDO 模态)空间场的分布十分类似(参见第 3 章图 3.3a,不过这里的位相相反)。

　　图 4.14b 给出了大洋环流 CEOF 分析第二模态对应的近表层垂直运动异常场。总体看来,在北太平洋中低纬为上升运动区域,中高纬则为海盆尺度的下沉运动区。北太平洋整体的垂直运动分布大致为南面上升北面下沉的态势。由于上升运动区有 SST 的动力降温,下沉运动区有 SST 的动力增温,那么由海温动力变化造成的 SST 异常,表现为北太平洋中低纬有 SST 负异常,中高纬有 SST 正异常,这种 SSTA 的分布态势与第 3 章中 SSTA EOF 第二模态(NPGO 模态)空间场的分布大体类似(参见图 3.3b)。

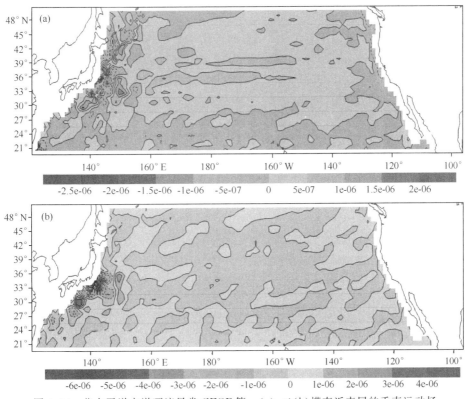

图 4.14　北太平洋大洋环流异常 CEOF 第一(a)、二(b)模态近表层的垂直运动场

　　注意到以上讨论的是海温动力变化引起的 SST 异常，而第 3 章 SSTA EOF 的第二模态则是对真实 SSTA 进行的分析，其还包括海温热力异常等的影响；但北太平洋大洋环流第一、第二模态近表层垂直运动异常分别与实际 SSTA EOF 第一、第二模态空间分布大体类似，这说明在 SSTA 的 PDO、NPGO 模态中动力异常是占主导地位的，这点还要在第 8、9 章的有关数值研究中进一步讨论。

　　因北太平洋大洋环流 CEOF 分解第一、第二模态海盆尺度的大洋环流异常通过垂直运动异常会造成 SST 异常，其异常分布与 SSTA 的 PDO、NPGO 模态空间分布相类似，且该第一、第二模态实时间系数均有准 22 年、准 13 年的年代际变化，故可认为冬季北太平洋大洋环流异常也存在 PDO 和 NPGO 模态。

4.5　本章小结

　　本章对冬季北太平洋及其关键区的上层大洋环流异常做了 CEOF 分解和小波分析，并讨论了该环流异常模态与 PDO、NPGO 模态的关系，得到以下主要结论：

　　(1)北太平洋大洋环流 CEOF 分解第一模态空间场，在近表层，大洋环流异常表现为北太平洋中东部的具有气旋式旋转的辐散场；在次表层，表现为明显的海盆尺度气旋式旋转的环流；从近表层到次表层，日本本州岛的东南方均存在一个较强的气旋性涡旋。

　　(2)北太平洋大洋环流 CEOF 分解第二模态空间场，在近表层和次表层，大洋环流异常在中高纬度为海盆尺度的气旋式环流，中低纬度为海盆尺度的反气旋式环流；在日本本州岛以东海域有反气旋涡旋存在。

　　(3)北太平洋大洋环流 CEOF 分解第一、第二模态的实时间系数序列分别有准 20 年和准 18 年的年代际变化周期，与 PDO、NPGO 模态的年代际变化周期相同。

　　(4)北太平洋大洋环流异常 CEOF 第一(二)模态实时间系数与北太平洋 SSTA 空间场的回归分析表明，回归系数场的空间分布与 PDO(NPGO)模态的空间结构很接近。

　　(5)北太平洋大洋环流 CEOF 分解第一、第二模态异常环流通过垂直运动造成 SST 的动力异常，这种异常的分布与 SSTA 的 PDO、NPGO 模态类似，故可认为冬季北太平洋大洋环流异常也存在 PDO、NPGO 模态。

第 5 章　大气环流与大洋环流的耦合

第四章对冬季北太平洋上层大洋环流异常做了 CEOF 分解,讨论了其主要模态的空间结构和年代际变化,及其与 NPGO 的联系;然而海洋上层环流是风生流,受大气风应力驱动,上层环流异常是海洋对近地面风场异常强迫的响应,大气与大洋环流的相互作用对 PDO 模态和NPGO 模态的形成十分关键,故本章对大气和大洋环流的异常做了联合 CEOF 分解,对主要模态的时间系数进行了小波分析,并讨论了主要模态与 PDO 模态、NPGO 模态的关系。

5.1　资料和方法

大气资料为 NCAR/NCEP 提供的每年 2 月份(以 2 月份作为冬季代表)1000,850,700, 500,300,200,50 hPa 7 个标准等压面上的月平均风场和气温场,资料的网格距为 $2.5° \times 2.5°$。大洋资料为每年 2 月份(这里也以 2 月份为冬季代表)的 Carton 海洋上层洋流资料提供的深度为 112.5,97.5,82.5,67.5,52.5,37.5,22.5,7.5 m 的逐月平均洋流,该资料为高斯网格,在本章研究范围内的分辨率约为 $1° \times 1°$。资料年份为 1950—2001 年,共计 52 年。本章研究范围为(30°—60°N,120°E—110°W),包括北太平洋海域和其周边的陆地。

对各层的风(流)场分别求 52 年平均的 2 月份气候场,并将各年 2 月月平均风(流)场减去气候场,得到各年 2 月风(流)场异常;该风(流)场异常是一个二维向量,故作联合 CEOF 分解(曾庆存,1974;黄嘉佑,2000;张东凌、曾庆存,2007)。在此将海洋各层次和大气各等压面在垂直方向作统一处理。为此将大气资料插值到 $1° \times 1°$ 的网格点上。在研究范围(30°—60°N, 120°E—110°W)的陆地部分,设海洋的流动为 0。这样处理后垂直方向共有 15 层(大洋 8 层, 大气 7 层)。因洋流速度与大气风速相差 2 个量级,为使两者的量级接近,在大气大洋联合CEOF 分解中,对月平均风场和流场进行了处理(张东凌、曾庆存,2007)。具体做法是将各层月平均风场和流场的速度乘以相应层次月平均密度的开方。为方便以下仍称之为月平均风(流)场,但这里风(流)场的内积是单位体积的动能。各层大气的月平均密度可通过状态方程由月平均温度来求得(该温度也来自 NCAR/NCEP 资料),而大洋密度则取水的标准密度。

联合 CEOF 分解的第一、二模态的方差贡献分别为 28.2% 和 13.6%,并通过了 North 检验。受篇幅限制,本章主要讨论大洋中深度为 7.5 m,22.5 m,112.5 m 和大气中 850 hPa, 500 hPa,200 hPa 这 6 层的特征,它们可分别作为大洋表层、近表层、次表层和大气对流层低、中、高层的代表。为简单,以下直接称之为表层、近表层、次表层、低层、中层、高层,并简称联合CEOF 为 CEOF。

5.2 复经验正交函数的第一模态

5.2.1 空间场

图 5.1a—c 给出了 CEOF 分解第一模态大气环流异常在高、中、低层的空间场。由图可见：各层在北太平洋中部，均存在一个气旋性环流异常中心，气旋环流几乎控制了整个北太平洋；在 30°—35°N 的北太平洋中部，均有明显的偏西风异常，而高纬则有偏东风异常；考虑到大尺度风场与气压场应满足准地转关系后，则该第一模态类似于 AL 模态正位相的空间结构（参见图 3.2a），不妨称其为 AL 模态的风场模；而该中心从低层到高层略向西偏，反映了大气的斜压性。

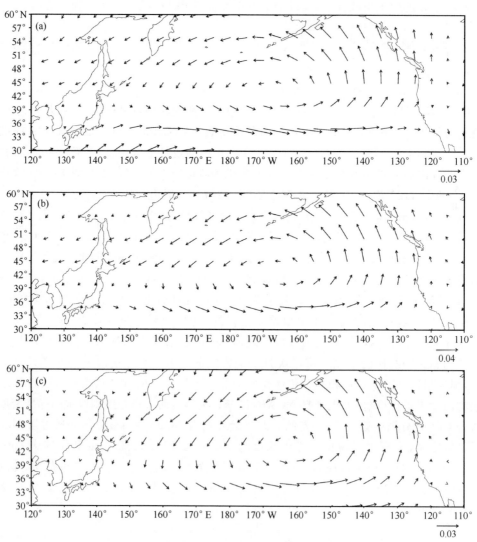

图 5.1　CEOF 分解第一模态各层大气环流异常
（a）高层；（b）中层；（c）低层

　　图 5.2a－c 给出了 CEOF 分解第一模态大洋环流异常在表层、近表层、次表层的空间场。由图可见：在表层，大洋环流异常在北太平洋中东部表现为辐散场，并略带气旋式旋转；在接近大洋西海岸的日本本州岛以东、以南海域则有较强的流场异常。在近表层和次表层，北太平洋中东部的辐散场消失，变为一个海盆尺度的气旋式旋转的大洋环流，尤其在次表层更为明显；而日本本州岛以东、以南海域的流场异常较为明显，表现为一个长轴呈北东北－南西南向的椭圆形气旋涡旋，中心位于(34°N,143°E)。在近表层以下，大洋环流异常的差异很小，表明海洋具有正压性。

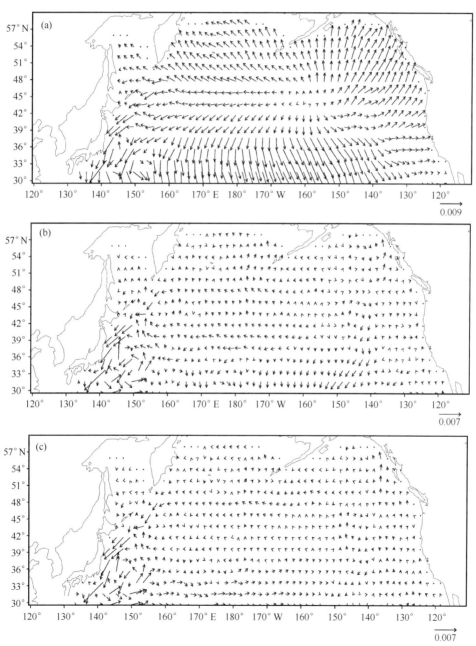

图 5.2　CEOF 分解第一模态各层大洋环流异常

（a）表层；（b）近表层；（c）次表层

5.2.2　时间系数

　　因本章将大气环流异常和上层大洋环流异常看作一个整体进行 CEOF 分析,故各层大气环流异常和大洋环流异常具有相同的时间系数,这就有利于讨论两者的耦合关系。与第 4 章类似,这里时间系数由一个复数来表示。从辐角的时间系数可见(图 5.3a):其辐角分别集中于 0°或±180°附近,这表示耦合的风和流只有两个状态 A,B,其对应的流型分别与该 CEOF 第一模态空间场相似或相反;而其强度则由时间系数的模(图 5.3b)来控制,并可仿第 4 章,将其划分为强模态 S 和弱模态 W。这样也能得到 4 种配置组合:AS,BS,AW,BW;其中 AS 和 BS 是两个强异常的状态。对 AS 态,大气和大洋环流异常流型分布分别表现为与 CEOF 第一模态空间结构相同的态势,而对 BS 态,大气和大洋环流异常流型分布则与 CEOF 第一模态空间结构相反,但两者的异常环流强度均较强。

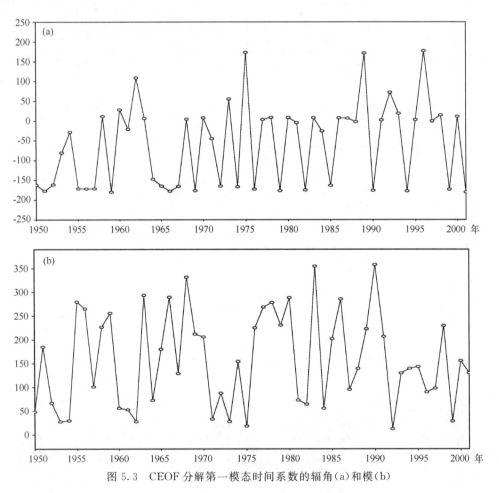

图 5.3　CEOF 分解第一模态时间系数的辐角(a)和模(b)

　　因辐角值集中在 0°和±180°之间,可对时间系数的模做如下处理:将各年辐角的余弦乘以相应的模构成一个新值,这些新值则重新构成一个实时间系数。这里的实时间系数构成方法表面看似与第 4 章不同,但因有 cos(0)＝1 及 cos(±π)＝－1,两者的实质是一样的,只不过这里考虑得更细致而已。由第 4 章可知,实时间系数的分析结果与复时间系数的基本一致,且操作简单,故本章均对实时间系数进行讨论。

　　为排除年际变化的干扰,对 CEOF 第一模态的实时间系数做了 4 年高斯滤波,滤波后的实时间系数见图 5.4a。可以看出,CEOF 第一模态实时间系数具有明显的年代际变化。为揭示该时间系数的变化规律,对时间系数作了小波分析。图 5.5a 给出了 4 年滤波后第一模态实时间系数的小波全谱。由图可见,其有很明显的 4～7 年的年际变化和 21～22 年的年代际变化,两者大体呈双峰形态。图 5.6a 给出了该模态滤波后实时间系数的小波功率谱。可以看出,明显的 21～22 年的年代际变化贯穿了整个 52 年。

　　CEOF 第一模态的小波全谱与冬季北太平洋 SSTA EOF 分解第一模态(PDO 模态)的小波全谱(图 3.5a),均具有准 22 年的年代际变化,不同之处是前者 3～7 年的年际变化比较明显。计算了 4 年滤波后第一模态实时间系数与 PDO 指数的相关系数,其值为 0.5691,两者具有一定的相关性。

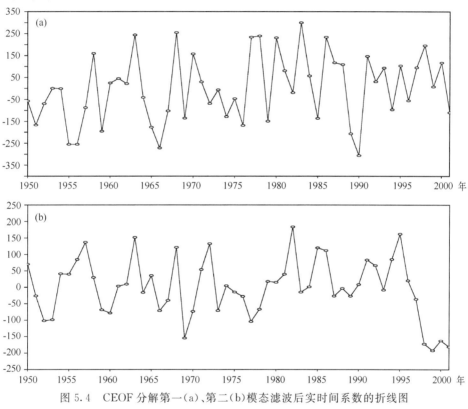

图 5.4　CEOF 分解第一(a)、第二(b)模态滤波后实时间系数的折线图

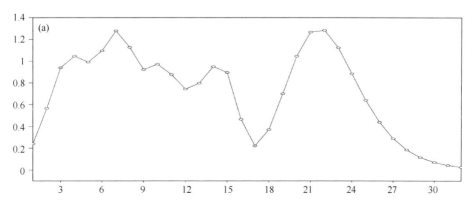

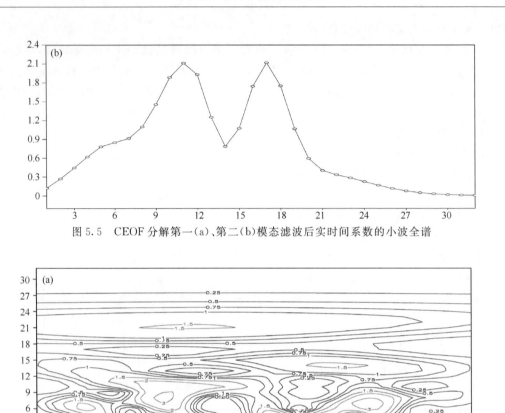

图 5.5　CEOF 分解第一(a)、第二(b)模态滤波后实时间系数的小波全谱

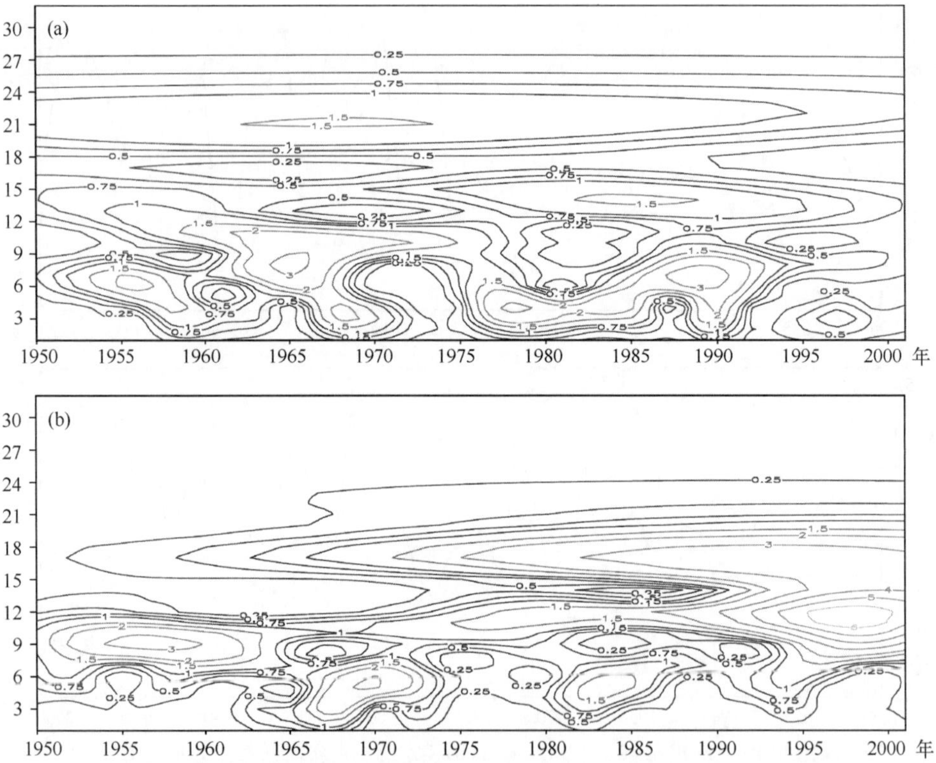

图 5.6　CEOF 分解第一(a)、第二(b)模态滤波后实时间系数的小波功率谱

5.3　复经验正交函数的第二模态

5.3.1　空间场

图 5.7a－c 给出了 CEOF 分解第二模态大气环流异常在高、中、低层的空间场。由图可见,各层大气环流异常的分布态势相近,考虑到大尺度风场与气压场的准地转关系,其可类似于 NPO 模态的负位相(参见图 3.2b,不过该图为 NPO 模态的正位相),即在北太平洋 45°N 以

北,环流异常为反气旋曲率(其相应于阿留申低压的异常),而在 45°N 以南,环流异常则表现为气旋性曲率,这里不妨也将其称为 NPO 模态的风场模。在 40°N 的东太平洋和在 40°—50°N 的北太平洋中西部,有偏东风异常。与第一模态类似,气旋性和反气旋性环流异常中心从低层到高层都略向西偏,这体现了大气斜压性。

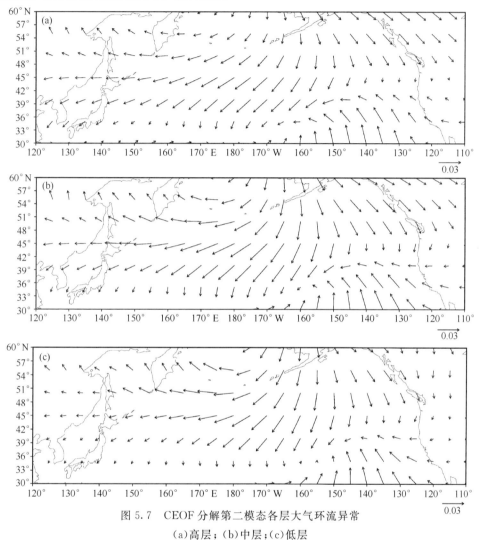

图 5.7　CEOF 分解第二模态各层大气环流异常

(a)高层;(b)中层;(c)低层

图 5.8a—c 给出了 CEOF 分解第二模态大洋环流异常在表层、近表层、次表层的空间场。可以看出,在表层,大洋环流异常在中高纬度为反气旋性环流,中心在(57°N,170°W)附近;中纬度为气旋性环流,中心在(35°N,155°W)附近;两者交界的 40°N 附近的北太平洋中部则为西向流;以上系统均具有海盆尺度;在日本本州岛以东海域则有范围不大的气旋性曲率流动。在包括近表层的海洋上层,上述海盆尺度的大洋环流系统强度明显减弱;西海岸附近的流场异常相对突出。日本本州岛以东气旋性曲率流动则已成为气旋涡旋,中心位于(37°N,150°E)附近;在堪察加半岛东南方海域则有反气旋涡旋,中心位于(48°N,162°E)附近;这两个涡旋的中心连线呈东北—西南走向,且两个涡旋分别位于 CEOF 分析第二模态的西太平洋强东风异常(参见图 5.7)的两侧,构成一对涡旋偶。

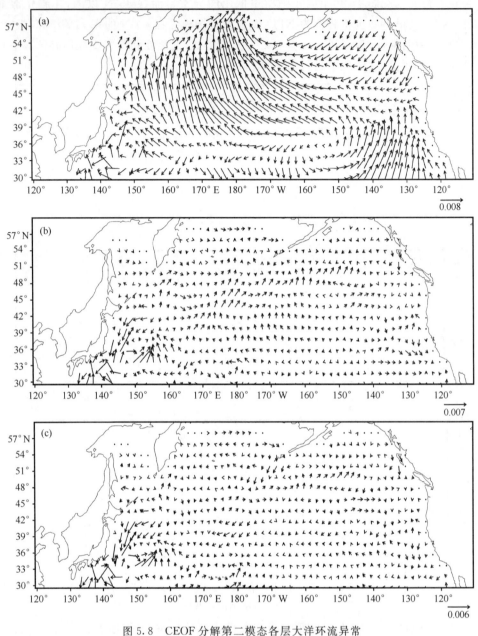

图 5.8　CEOF 分解第二模态各层大洋环流异常

(a)表层；(b)近表层；(c)次表层

5.3.2　时间系数

第二模态时间系数的辐角分别集中于 0°或±180°附近(图 5.9a)，这表示耦合的风和流也只有两个状态 A，B，不过此时辐角在这两个状态的离散度要较第一模态大。图 5.9b 给出了时间系数的模，并可仿照第一模态的做法，将其划分为强模态 S 和弱模态 W。这样也能得到 4 种配置组合：AS，BS，AW，BW；AS 和 BS 态所代表的意义与 CEOF 第一模态的相同，不再赘述。

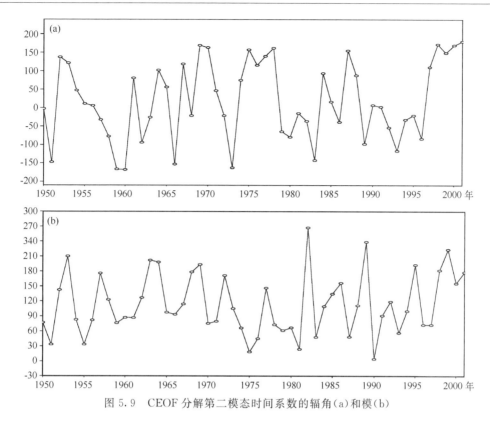

图 5.9　CEOF 分解第二模态时间系数的辐角(a)和模(b)

　　仿照第一模态的做法,对第二模态,亦可得到综合反映辐角和模随时间演变的实时间系数序列。在此也对该实时间系数做了 4 年高斯滤波。图 5.4b 给出了滤波后第二模态实时间系数的折线图。由图可见,CEOF 第二模态实时间系数具有明显的年代际变化。

　　为揭示该实时间系数的变化规律,对 4 年滤波后的时间系数作了小波分析。图 5.5b 给出了小波全谱。由图可见,其具有十分明显的准 11 年和准 17 年的年代际变化,两者呈并列的双峰分布。图 5.6b 给出了该模态 4 年滤波后实时间系数的小波功率谱。可以看出,明显准 11 年的年代际变化主要出现在 1976/1977 年气候突变后并在 1988/1989 年气候突变后变得更加明显;而准 17 年的年代际变化基本上表现在整个 52 年中,并在 1976/1977 年的气候突变后有所加强。

　　CEOF 第二模态准 11 年的年代际变化周期与冬季北太平洋 SSTA EOF 分解第二模态(NPGO 模态)的准 13 年年代际变化周期(图 3.5b)基本相同,只是前者还存在较为明显的准 17 年年代际变化。计算了 4 年滤波后第二模态实时间系数与 NPGO 指数的相关系数,其值为 -0.5940,这表明两者也具有一定的相关性。

5.4　耦合环流讨论

5.4.1　耦合环流与 SSTA 的关系

　　为了揭示大气、大洋第一、二模态耦合环流异常与 PDO 模态和 NPGO 模态的关系,利用 SSTA 与 CEOF 第一、二模态未作平滑处理的实时间系数求回归,回归系数场见图 5.10。这里为了与经典 PDO 模态(图 3.1a)和 NPGO 模态(图 3.1b)的空间结构做对比分析,本小节的研究范围取为$(24°—62°N, 110°E—110°W)$。

由图 5.10a 可见,与第一模态实时间系数的回归场表现为,在北太平洋中部存在一个椭圆形的负值区,负值中心位于$(35°N, 158°W)$附近,北美西岸为正值区;这样的空间分布类似于经典 PDO 模态的暖位相(参见图 3.1a)。由图 5.10b 可见,与第二模态实时间系数的回归场表现为,在北太平洋中高纬,从 150°E 附近向东一直延伸至 130°W 则为正值带,其上有正大值中心;在其以南的副热带海域,从 140°E 附近向东一直延伸至 150°W 附近均为负值带,其上则有负大值中心;两者构成北正南负的双带系统,其上的大值中心则呈偶极子分布,而两者的零线则交汇在 35°N 附近;这样的空间分布类似于经典 NPGO 模态的冷位相(参见图 3.1b,不过该图是暖位相)。

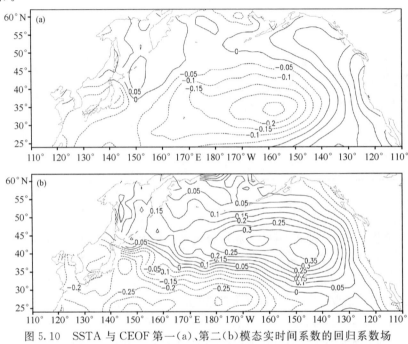

图 5.10　SSTA 与 CEOF 第一(a)、第二(b)模态实时间系数的回归系数场

为了更客观表现这种相似性,分别计算了经典 PDO、NPGO 模态的空间场与以上第一、二模态回归场之间的场相关系数,其值分别为 0.8614 和 -0.8790。由此可见,北太平洋大气大洋耦合环流第一、二模态实时间系数的回归场,其与经典的 SSTA 的 PDO 和 NPGO 模态的空间分布非常相似,即耦合环流的第一、二模态分别相应于 PDO 模态和 NPGO 模态。

5.4.2　影响 PDO 及 NPGO 模态的途径

海洋近表层的垂直运动异常与海温动力异常有密切关系,当该层某处垂直运动为正,即有上升流时,则会造成该处的动力降温;反之亦然。采用本章 CEOF 分解得到的模态可直接计算其各层的散度场异常,对散度场异常在垂直方向积分则可算得相应的垂直速度异常,这里取海气界面处的海洋垂直运动 $w \approx 0$。这样 $w > 0 (w < 0)$ 则对应于上升(下沉)运动异常;而由近表层的垂直速度异常则可方便地决定 SSTA 的动力变化。

图 5.11a(另见彩图 5.11)给出了由 CEOF 分解的第一模态近表层流场计算得到的垂直运动场。从图可见,除高纬度的北太平洋西北部和东北部外,几乎整个北太平洋海域均为上升运动区,其中北太平洋中部上升运动最强,这样会造成此处有明显的动力降温;这种降温会造成

该处上层海温偏低,形成低海温中心。而经典 PDO 模态的空间结构(图 3.1a)则与该第一模态近表层垂直运动异常的态势相类似。这里海温动力变化的空间尺度为海盆尺度,这说明海温的动力变化也是造成 PDO 模态的原因。

图 5.11b 给出了由 CEOF 分解的第二模态近表层流场计算得到的垂直运动场。从图可见,在 155°E 至 160°W 以东的北太平洋近表层,约以 45°N 为界,其北部为下沉运动,南部为上升运动,大体构成北负南正的双带系统,且其上的大值中心在中太平洋构成北负南正偶极子形态。这样的垂直运动在海温动力变化上造成北正南负的双带系统及其上的北正南负的偶极子(这是第二模态实时间系数大于 0 的情况,当其小于 0 时,则垂直运动反向)。从第 2 章对上层海温进行的联合 EOF 分解第二模态的近表层和次表层的空间结构(图 2.1b~c)上可以看出,海温异常在北太平洋表现为北负南正的双带系统,而近表层和次表层由于离海面存在一定距离,可近似认为该层的海温滤去了热力作用的影响,代表海温的动力异常。这与近表层垂直运动引起的海温动力异常的空间结构相似,只是符号相反(但其时间系数的符号也相反),且这里海温动力变化的空间尺度也为海盆尺度。综上说明,垂直运动引起的海温动力变化也是造成 NPGO 模态的原因。

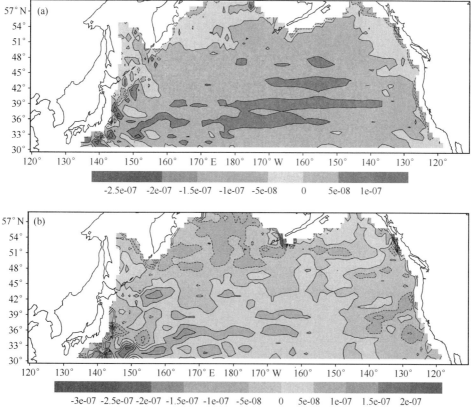

图 5.11　北太平洋大气大洋环流联合 CEOF 第一(a)、第二(b)模态近表层的垂直运动场

同时,本章对北太平洋大气、大洋的 CEOF 分解还发现,其第一、第二模态最明显的流场异常均出现在北太平洋西海岸以东海域,表现为涡旋形式,且在海洋上层均保持大体不变。图 5.11a 和图 5.11b 中可以看出,在此涡旋处,即日本本州岛以东的西海岸附近,存在小范围的强垂直运动中心,将会造成该处海温的强动力异常。从第 2 章对上层海温进行的联合 EOF 分

解第二模态空间结构(图2.1b~d)上可以看出,在日本本州岛以东小范围内的确表现有明显的海温异常。

以上结果说明,在冬季北太平洋大气大洋耦合环流的第一、二模态中,大气风场与大洋流场的耦合配置是不相同的,从而造成了流场异常及海温动力变化的不同,产生了PDO和NPGO模态。在北太平洋大气大洋耦合环流异常中,大气环流异常、大洋环流异常和上层海温的动力异常三者具有紧密的联系,并与SSTA的PDO模态和NPGO模态关系密切,在此大洋环流异常起着关键的中介作用,这样不妨分别称CEOF中第一、二模态的大洋环流异常为PDO和NPGO模态的流场模。

5.4.3　强异常区风场与流场耦合关系解释

黑潮延伸区、日本北海道以东和本州岛以东、以南海域是北太平洋流场异常十分明显的海域,以下简称该海域为强异常区。从本章CEOF分解结果看,在强异常区中,第一、第二模态风场与流场的配置是不同的,下面对强异常区风场与流场的配置做出解释。

对强异常区第一模态而言,在大洋的西海岸线附近,大气风场异常大致与西海岸线平行;而大洋环流异常则表现为一个平行于该海岸线的长轴椭圆环流。利用路凯程等(2010)的思想和方法,我们求取了西海岸线呈南北向时,正压理想海洋对平行于海岸线的风场异常的响应。发现此时在北风异常的强迫下,在该海洋的西边界外有气旋性涡旋出现;这与本章的诊断结果一致。

对强异常区第二模态而言,在大洋的西海岸线附近,强迫风场为西风急流异常,且平行于纬圈,与西海岸线斜交;而大洋环流异常则表现为分布在风场异常两侧的涡旋偶。张永垂等(2011)讨论过正压海洋对定常西风急流强迫的响应,认为在该海域,流场异常对风场异常地响应表现为涡旋偶的形式,而本章CEOF第二模态的流场异常在该海域中正表现为这样的形态。在本书的第6、7章中,我们还要进一步讨论海洋对时变中纬西风急流强迫的响应,并得到了更好的结果。

5.5　本章小结

本章对冬季北太平洋大气和大洋环流做了联合CEOF分解和小波分析,并分别讨论了第一、二模态及其与PDO、NPGO模态的关系,得到的主要结论有:

(1)对CEOF第一(二)模态实时间系数的分析发现,其与PDO(NPGO)指数的相关性很高;小波分析表明,第一(二)模态有明显的21~22(11~12)年的年代际变化周期,与经典PDO(NPGO)模态的相同。

(2)CEOF第一(二)模态实时间系数与北太平洋SSTA空间场的回归分析表明,回归系数场的空间分布与PDO(NPGO)模态的空间结构十分接近。

(3)在CEOF第一、二模态的空间结构中,大气环流异常分别类似于AL、NPO模态,可称其为AL、NPO模态的风场模;而大洋环流异常则分别相应于PDO、NPGO模态,可称其为PDO、NPGO模态的流场模。

(4)从CEOF第一、二模态近表层流场异常得到的垂直运动空间分布与PDO、NPGO模态的相似,这说明海洋上层海盆尺度大洋环流引起的垂直运动所导致的海温动力变化是造成PDO、NPGO模态的重要原因,而大洋环流异常是大气风场异常和海温异常之间的中介。

第 6 章　时变风应力强迫北太平洋环流振荡流场模的解析解

　　中纬度西风带急流和风暴轴的重要性是众所周知的。近地面西风造成的相应西风应力,会使海洋上层流动对其强迫做出响应,并通过海气相互作用引起气候变化。第 5 章对冬季北太平洋海域大气大洋环流的联合 CEOF 分解发现,大洋环流异常模态与大气环流异常模态有关,即海洋环流的异常是对西风异常的响应,特别是第二模态对应的 NPGO 流场模在中纬西风异常的两侧分别表现为海盆尺度的气旋与反气旋环流,且在近大洋西海岸处表现为涡旋偶。张永垂等(2011)曾建立了一个水平二维正压的线性海洋模型,并在考虑西海岸的情况下,对准定常西风异常强迫下的海洋流场响应做了解析求解。但此模型中风应力强迫取了准定常的近似,与时变的实际风应力不符。为克服上述局限,本章基于该海洋模型,在考虑了时变西风异常强迫的情况下,对海洋环流进行了解析求解,并对该解析解做了讨论。

6.1　数学模型

　　采用张永垂等(2011)给出的数学模型,即中纬度 β 通道线性化正压准平衡(无辐散)方程组,不考虑背景流,但考虑了大气风应力对海洋的强迫和瑞利摩擦,方程可写为:

$$\frac{\partial u}{\partial t} - (f_0 + \beta y)v + \frac{\partial \Phi}{\partial x} + \mu u = \tau_x = \gamma u_a \tag{6.1a}$$

$$\frac{\partial v}{\partial t} + (f_0 + \beta y)u + \frac{\partial \Phi}{\partial y} + \mu v = \tau_y = \gamma v_a \tag{6.1b}$$

$$\frac{\partial u}{\partial x} + \frac{\partial v}{\partial y} = 0 \tag{6.1c}$$

在此 $\tau_x = \gamma u_a$、$\tau_y = \gamma v_a$ 为风应力,u_a、v_a 为大气风速;γ 为比例系数,μ 为瑞利摩擦系数,两者均设为常数;f_0 为 y_0 处的地转参数,$\beta = (\partial f / \partial y)_{y=y_0}$,$y_0$ 则为 β 通道的中心位置。

　　注意到大气风场强迫可分解为平均场 u_{aI}、v_{aI} 及异常场 u_{aII}、v_{aII} 之和,前者可看作是定常的,而后者则是时变的,即有:

$$u_a = u_{aI}(x,y) + u_{aII}(x,y,t), \quad v_a = v_{aI}(x,y) + v_{aII}(x,y,t) \tag{6.2}$$

因方程组(6.1)是线性方程组,故其解可写成分别在 u_{aI}、v_{aI} 和 u_{aII}、v_{aII} 强迫下的叠加,分别用下标 I、II 来表示,即有:

$$u = u_I + u_{II}, \quad v = v_I + v_{II}, \quad \Phi = \Phi_I + \Phi_{II} \tag{6.3}$$

这样,两者所满足方程组的形式与方程组(6.1)全同;为区分这两者,仍用下标 I、II 来标注 u_a,v_a,u,v 和 Φ。

　　由第 5 章已知,北太平洋大气大洋耦合环流中大气风场第二模态最重要的特征是,在中纬度 $180°$ 以西的北太平洋上存在纬向西风强迫异常。为与第 5 章中的风场异常空间特征一致,这里的风场异常取中纬度 β 通道中地面西风强迫的理想情况,这样在考虑存在南北方向西海岸的情况下,设大气强迫风场的形式为:

$$u_a = u_{aI} + u_{aII} = \bar{u}_a + \tilde{u}_a \cos\left[\frac{\pi}{M}(y - y_0)\right] + \hat{u}_a \cos\left[\frac{\pi}{M}(y - y_0)\right] e^{i\omega t} \qquad (6.4)$$

$$v_a = v_{aI} + v_{aII} = 0 \qquad (6.5)$$

这里 $\bar{u}_a$、$\tilde{u}_a$ 和 $\hat{u}_a$ 均为大于 0 的常数,$\bar{u}_a > \tilde{u}_a > \hat{u}_a$;该风场在 x 方向(纬向)则是均匀的,$\cos[\pi(y - y_0)/M]$ 反映了大气强迫风场在 β 通道中的经向分布,在 $y = y_0$ 处有西风急流强迫,ω 为时变风场的圆频率。该大气强迫风场的涡度为:

$$\zeta_a = -\frac{\partial u_{aI}}{\partial y} - \frac{\partial u_{aII}}{\partial y} = \zeta_{aI} + \zeta_{aII}$$

$$= \frac{\pi}{M}\tilde{u}_a \cdot \sin\left[\frac{\pi}{M}(y - y_0)\right] + \frac{\pi}{M}\hat{u}_a e^{i\omega t} \cdot \sin\left[\frac{\pi}{M}(y - y_0)\right] \qquad (6.6)$$

这里 ζ_{aI} 为定常风场的涡度,而 ζ_{aII} 则为时变风场的涡度。

　　张永垂等(2011)曾解析求解了定常风场强迫的情况并做了讨论,这里不再赘述。本章求取在时变风场 u_{aII}、v_{aII} 强迫下方程组的解析解,即大气强迫风场的涡度取式(6.6)中第二项中的解析解。以下为方便,均略去下标 II。

　　由式(6.1c)可引入扰动流函数 ψ,这样有

$$u = -\frac{\partial \psi}{\partial y}, \quad v = -\frac{\partial \psi}{\partial x} \qquad (6.7)$$

将式(6.7)代入方程组(6.1),并将式(6.1b)对 x 的微商后,再减去式(6.1a)对 y 的微商,以消去 Φ,则可得:

$$\left(\frac{\partial}{\partial t} + \mu\right)\Delta\psi + \beta\frac{\partial \psi}{\partial x} = \gamma\zeta_a \qquad (6.8)$$

在此有 $\Delta = \frac{\partial^2}{\partial x^2} + \frac{\partial^2}{\partial y^2}$,$\zeta_a = \frac{\partial v_a}{\partial x} - \frac{\partial u_a}{\partial y}$。$\Delta$ 为二维 Laplace 算子;ζ_a 为大气时变风场的涡度,即式(6.6)中的第二项,其是已知的。

　　对该方程组取以下边界条件

$$x = 0, \ \psi = 0, \ y = y_0 \pm M, \ \psi = 0 \qquad (6.9)$$

即在 $x = 0$ 处有刚壁(南北向西海岸),在 $y = y_0 \pm M$ 处也设为刚壁,这里 M 可视为 β 通道的半宽。该边界条件表明,在 x 方向(纬向)海洋是半无界的,其仅有西海岸,而在 y 方向(经向)则处于 β 通道中。如此设定是因本章主要关心的是在中纬度近地面纬向西风异常强迫下,海洋西边界(西海岸)对海洋响应形态的影响,以及其与 NPGO 的关系。从第 5 章的诊断可知,在西边界以东海域流场异常最明显,其为 NPGO 流场模的重要表现形态;式(6.9)设定的边条件是合适的。以下求取方程(6.8)满足边条件(6.9)的解析解 ψ。

6.2　模型求解

6.2.1　求解过程

为解析求解方程(6.8),设

$$\psi = \Psi(x)\sin\left[\frac{\pi}{M}(y-y_0)\right]e^{i\omega t} \tag{6.10}$$

则 ψ 显然满足边条件:$y=y_0\pm M, \psi_2=0$。将式(6.10)代入式(6.8)后有

$$\psi'' + \frac{\beta}{i\omega+u}\psi' - \left(\frac{\pi}{M}\right)^2\psi - \frac{\pi}{M}\cdot\frac{\gamma\hat{u}_a}{i\omega+\mu} = 0 \tag{6.11}$$

在此记号"″"和"′"表示对 x 求取二阶和一阶微商。这样方程(6.11)可化为复系数自由振动方程的标准型:

$$\Lambda''(x) + a\Lambda'(x) + b\Lambda(x) = 0 \tag{6.12}$$

在此有 $\Lambda(x)=\left(\frac{\pi}{M}\right)^2\psi(x)+\frac{\pi}{M}\cdot\frac{\gamma\hat{u}_a}{i\omega+\mu}, a=\frac{\beta\mu}{\omega^2+\mu^2}-i\frac{\beta\omega}{\omega^2+\mu^2}, b=-\left(\frac{\pi}{M}\right)^2<0,$ 而 $i=\sqrt{-1}$。

与方程(6.12)相应的代数方程为 $\lambda^2+a\lambda+b=0$。因其是复代数方程,通常有两个不等的复根 λ_1、λ_2,故方程(6.12)的解为:

$$\Lambda(x) = C_1 e^{\lambda_1 x} + C_2 e^{\lambda_2 x} \tag{6.13}$$

这里 C_1、C_2 为任意复积分常数。在考虑到 $\Lambda(x)$ 与 $\psi(x)$ 的关系后,则可得

$$\psi(x) = C_1\left(\frac{M}{\pi}\right)^2 e^{\lambda_1 x} + C_2\left(\frac{M}{\pi}\right)^2 e^{\lambda_2 x} - \frac{M}{\pi}\cdot\frac{\gamma\mu\hat{u}_a}{\omega^2+\mu^2} + i\frac{M}{\pi}\cdot\frac{\gamma\omega\hat{u}_a}{\omega^2+\mu^2} \tag{6.14}$$

设复数 $\lambda_1=\lambda_{r1}+i\lambda_{i1}, \lambda_2=\lambda_{r2}+i\lambda_{i2}$,在此下标 γ 与 i 分别代表实部与虚部,可以证明,此时有 $\lambda_{r1}<0, \lambda_{i1}>0, \lambda_{r2}>0, \lambda_{i2}>0$(证明步骤略)。这样式(6.14)有物理意义的解可写为

$$\psi(x) = C_1\left(\frac{M}{\pi}\right)^2 e^{\lambda_1 x} - \frac{M}{\pi}\cdot\frac{\gamma\mu\hat{u}_a}{\omega^2+\mu^2} + i\frac{M}{\pi}\cdot\frac{\gamma\omega\hat{u}_a}{\omega^2+\mu^2} \tag{6.15}$$

因 $\lambda_{r2}>0$,故在此必须取 C_2 为 0,这样才能保证当 $x\to\infty$ 时,$\psi(x)$ 有界。利用边条件 $x=0$ 处有 $\psi(0)=0$,则可定出 $C_1=\frac{\pi}{M}\cdot\frac{\gamma\mu\hat{u}_a}{\omega^2+\mu^2}-i\frac{\pi}{M}\cdot\frac{\gamma\omega\hat{u}_a}{\omega^2+\mu^2}$。这样由式(6.15)可得

$$\psi(x) = \frac{M}{\pi}\frac{\gamma\hat{u}}{\mu+i\omega}(e^{\lambda_1 x}-1) \tag{6.16}$$

将上式代入式(6.10)后则最终可得满足边界条件(6.9)且在 $[0,\infty)$ 上有界的解为:

$$\psi = \frac{M}{\pi}\cdot\frac{\gamma\hat{u}_a(\mu-i\omega)}{\mu^2+\omega^2}\cdot(e^{\lambda_1 x}-1)\cdot\sin\left[\frac{n\pi}{M}(y-y_0)\right]e^{i\omega t} \tag{6.17}$$

在此 λ_1 中含有 ω 且有 $Re(\lambda_1)<0$,且流场异常与风场异常两者的变化频率相同,均为 ω。注意,时变风场(风场异常) $e^{i\omega t}$ 前的系数是实数,而流场异常对其的响应即式(6.17)中则在 $e^{i\omega t}$ 前的系数是复数(因式(6.17)中 $(\mu-i\omega)$ 和 $e^{\lambda_1 x}$ 是复数的缘故),这表明时变风场异常与流场异常响应两者之间虽然变化频率相同,但是有位相差存在,流场异常响应要滞后于风场异常。

6.2.2　流场响应分布

观测表明,在 40°N 附近的西太平洋近地面西风最大;为此可取 β 通道的中心为 40°N(该

处 β 值为 $\beta=1.7536\times10^{-11}\,\mathrm{m^{-1}\,s^{-1}}$），且 β 通道的半宽即 M 取 1000 km。时变强迫风场则取式(6.4)中风场的时变部分，现取 $\hat{u}_a=1$ m/s，其即为风场异常。若取风速的典型值为 10 m/s，则 1 m/s 相当于其异常为 10％，这大体符合实际。ω 在不同的方案中取不同的数值。此外，还取 $\gamma=10^{-8}\,\mathrm{s^{-1}}$，$\mu=3\times10^{-7}\,\mathrm{s^{-1}}$，两者取值均与张永垂等(2011)的相同。由于流场异常与风场异常的变化频率(周期)相同，两者之间仅存在位相差，考虑到 NPGO 的年代际变化周期为准 13 年，时变风场反映了年代际变化异常，取时变风场周期 T 为 12 年，ω 为 $1.6591844\times10^{-8}\,\mathrm{s^{-1}}$。下面给出该方案的计算结果。

图 6.1 给出了在时刻 $t=0,T/4,T/2,3T/4$ 时的时变风场经向分布廓线，这里 T 为时变风场周期。

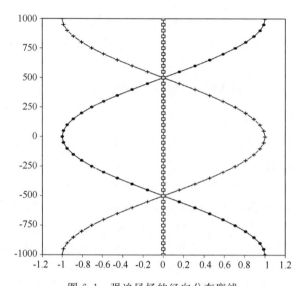

图 6.1　强迫风场的经向分布廓线

其中"·"曲线为 $t=0$；"+"曲线为 $t=T/2$；"□"曲线为 $t=T/4$ 和 $t=3T/4$；

纵坐标：距 β 通道中心的距离，单位 km；横坐标：风速，单位 m/s

对于上述方案，图 6.1 中 $t=0,T/4,T/2,3T/4$ 可分别代表第 1,4,7,10 年的时变风场异常的经向分布廓线。在该方案中，有 $\lambda_{1r}=-5.8443089\times10^{-5}\,\mathrm{m^{-1}}$，$\lambda_{1i}=3.2136920\times10^{-6}\,\mathrm{m^{-1}}$。由式(6.17)可算得此时流函数 ψ，相应的流场 u,v 则可由式(6.7)得到。图 6.2 给出了计算得到的各年海洋流场响应，图框下方的箭头长度给出了图中最大海洋流速异常的大小，其单位为 m/s，并大致符合实际海洋的流场异常。由于解析解的自变量 $x\in[0,\infty)$，是半无界的，故不能用有限篇幅的图来表示，为此图 6.2 只给出了 β 通道中距西海岸 $0\sim2500$ km 范围内的计算结果。由该图可见，距西海岸 300 km 以内存在着明显的海洋经向流的异常，而在 300 km 之外的海域，则流场异常主要表现为纬向流的形式；在最大西风异常两侧的近西海岸处，分别存在大尺度气旋式及反气旋式的涡旋，而在远离西海岸的海域，则存在海盆尺度的气旋式及反气旋式曲率的环流。

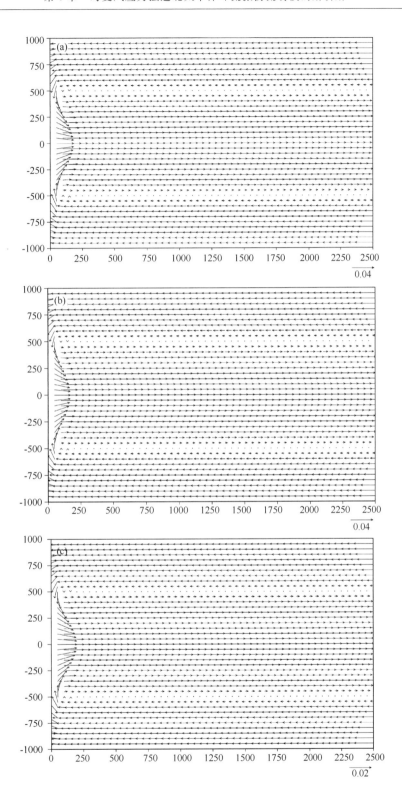

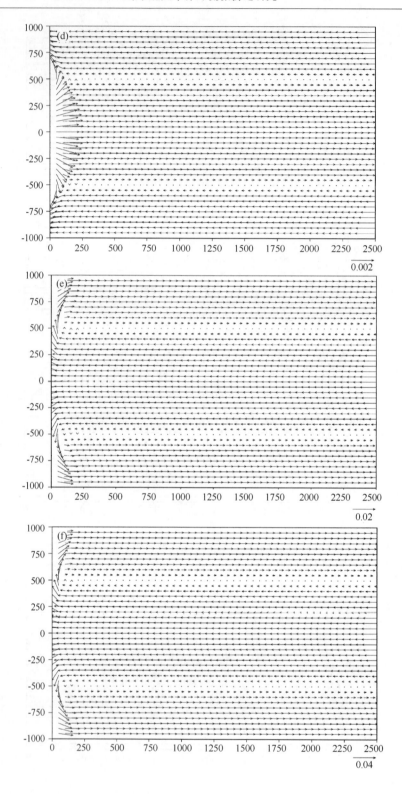

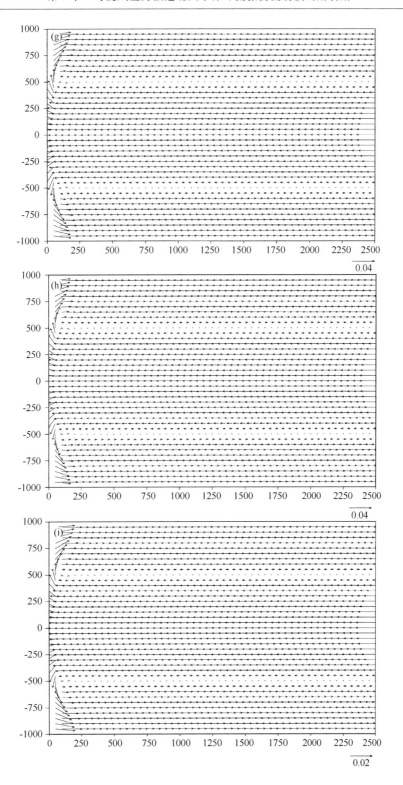

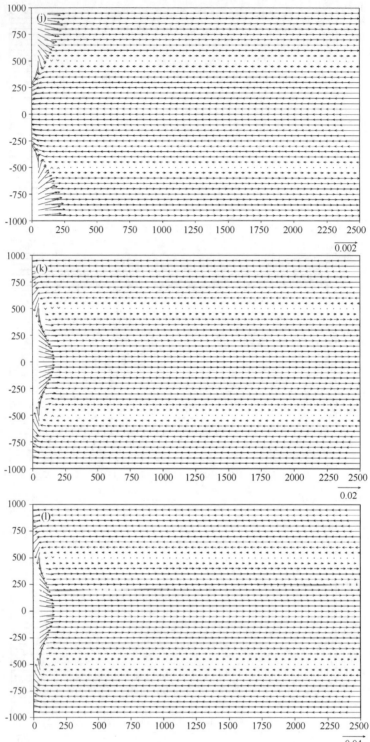

图 6.2　不同时刻流场响应的空间分布，时变风场周期 $T=12$ 年

(a) $t=0$（1 年）；(b) $t=T/12$（2 年）；(c) $t=T/6$（3 年）；(d) $t=T/4$（4 年）；

(e) $t=T/3$（5 年）；(f) $t=5T/12$（6 年）；(g) $t=T/2$（7 年）；(h) $t=7T/12$（8 年）；

(i) $t=2T/3$（9 年）；(j) $t=3T/4$（10 年）；(k) $t=5T/6$（11 年）；(l) $t=11T/12$（12 年）

单位：m/s。横坐标：距西海岸的距离，单位：km；纵坐标：距 β 通道中心的距离，单位：km

6.3 解析解的进一步讨论

6.3.1 与 NPGO 流场模的比较

第 5 章对冬季北太平洋大气大洋耦合环流做了 CEOF 分解,其中第二模态风场异常在西边界以东海域的分布态势与本章流场响应形态(图 6.2)相当一致,均表现为纬向西风异常;大洋环流异常对风场异常强迫响应的第二模态为 NPGO 流场模(图 5.8),即在大洋西海岸以东的海域内表现为大尺度的涡旋偶形态,在北太平洋中部则表现为一个海盆尺度的气旋式及反气旋式旋转的环流,这说明了风场强迫的解析解反映了 NPGO 流场模。即冬季北太平洋 NPGO 是中纬西风异常强迫具有西边界海洋流场的结果,NPGO 的直接生成机制是海洋流场对中纬西风异常强迫的响应。由于本章采用了准平衡(准无辐散)近似,故该解析解的性质为低频强迫涡旋波振荡;当风场强迫和海洋黏性均不太大时,该涡旋波振荡即为低频强迫海洋 Rossby 波振荡。

第 5 章的诊断分析发现,上层海洋流场异常(流场模)均具有正压性,这表明本章的数学模型采取正压海洋是合适的。不过,实际北太平洋西海岸是倾斜的,而本章则是正南北方向,故两者的结果有些差异也是可以理解的。下章将进一步讨论倾斜西海岸下海洋流场对风场异常的响应特征。

6.3.2 流场异常振幅的估计

对本章时变风场强迫出的海洋流场的异常做一估计。将式(6.17)取模后,并注意到有 $\mathrm{Re}(\lambda_1)<0$,则在 $[0,\infty)$ 区间有

$$|\psi| = \frac{M}{\pi} \cdot \frac{\gamma \hat{\mu}_a}{|\mu+i\omega|} \cdot |\mathrm{e}^{\lambda_1 x}-1| \cdot \left|\sin\left[\frac{\pi}{M}(y-y_0)\right]\right| \cdot |\mathrm{e}^{i\omega t}| \leqslant \frac{2M}{\pi}\frac{\gamma \hat{u}_a}{\sqrt{\mu^2+\omega^2}} \triangleq \psi_{\max}$$

(6.18)

由上式可见,其最大振幅的估计值 $\psi_{\max}$ 则与 γ、$\hat{u}_a$、M 成正比,与 $\sqrt{\mu^2+\omega^2}$ 成反比。由此可知:风应力越大,β 通道半宽越大,耗散越小,风应力变化的频率越低,则其强迫出的流场异常就越大。这里特别要强调的是,在其他因子相同时,低频的风应力则比高频能激发出更大的流场异常。

6.3.3 与定常风场强迫解的比较

将本章结果与张永垂等(2011)得到的定常风场强迫的结果进行比较,发现因两者风场异常的空间结构相同,均为余弦函数,若将图 6.1 中各曲线在 β 通道中心的值作为定常风场异常 $\Delta \tilde{u}_a$,也可得到一系列的流场响应。在 $t=0$ 和 $t=T/2$ 附近,与定常风场强迫的结果十分相似;而在 $t-T/4$ 和 $t=3T/4$ 附近,两者差异较大,特别是当 $t=T/4$ 和 $t=3T/4$ 时风场异常为 0,定常风场强迫的流场异常也为 0,这与实际情况差异较明显,而前者流场异常却不为 0。这表明,时变风场强迫能够考虑海洋异常流动的惯性效应,故要优于常风场强迫,当风场异常变化剧烈时更是如此。从图 6.2 可见,对于周期 $T=12$ 年的情况,这种滞后不到 1 年。

6.4　本章小结

本章采用正压准平衡海洋模型,对 NPGO 流场模做了解析求解,并得到了以下主要结论：

(1)当时变风场异常最大时,解析得到的流场异常在距大洋西海岸以东的海域内表现为大尺度的涡旋偶形态,在北太平洋中部则表现为一个海盆尺度的气旋式及反气旋式涡旋的环流,说明该解析解可再现 NPGO 流场模。

(2)在时刻 $t=0$ 和 $t=T/2$（T 为风场变化周期,下同）,风场异常最大,流场响应的变化较缓慢;而在时刻 $t=T/4$ 和 $t=3T/4$ 附近,风场异常很小,且风向发生反转,则流场响应的变化较剧烈,流向也发生反转。

(3)在时刻 $t=T/4$ 和 $t=3T/4$,虽无时变风场强迫,但仍有海洋流场异常,这点与用定常风场强迫的情况不同,这表明,本章的解析解可考虑海洋流动的惯性,更符合实际。

(4)因采用了无辐散近似,故该解析解的性质为强迫涡旋波振荡;由此可知,NPGO 的性质属低频强迫涡旋波振荡,当风场外强迫和海洋黏性均不太大时,该涡旋波振荡即为低频强迫海洋 Rossby 波振荡。

(5)解析解中流场响应与时变风场异常的频率完全相同,但两者之间有位相差,这表明流场响应要滞后于风场异常,中纬度纬向西风异常的强迫是 NPGO 的直接原因。

(6)对解析解的振幅估计发现风应力越大,β 通道半宽越大,耗散越小,风应力变化的频率越低,则其强迫出的流场响应就越大;在其他因子相同时,低频的风应力变化能激发出更强的流场响应。

本章采用了线性正压无辐散海洋模型,只能反映上层海洋对风应力异常的响应,无法揭示更深层次的情况,采用线性两层无辐散海洋模型（张永垂等,2012）可做到这一点,但张永垂等(2012)仅讨论了海洋对定常西风异常强迫响应。于是,吕庆平等(2013)用该两层模型做了海洋对时变西风异常强迫响应的解析求解,发现上层海洋的解与本章类似,深层海洋的流动与上层大体相反,由于深层海洋资料的短缺,目前尚无法与实际情况对照。

第 7 章　太平洋西海岸对北太平洋环流振荡流场模的影响

第 6 章求解了在时变纬向西风异常强迫下具有南北向刚壁西海岸海洋响应的解析解,当时变风场周期为 12 年时,再现了第 5 章中大气大洋耦合环流异常 NPGO 模态的流场模,得到了中纬度纬向西风异常的强迫是 NPGO 直接原因的结论。然而那里的西边界取南北向垂直刚壁,这与实际中北太平洋的西海岸有一定差异,实际的西海岸与纬圈有交角。在考虑了西海岸的倾斜后,求取解析解是十分困难甚至是无法办到的。为此,本章采用超松弛迭代法进行了数值求解,以便再现此时 NPGO 模态的流场模。

7.1　数学模型和求解方法

7.1.1　控制方程和边界条件

数学模型采用以下 β 通道正压准平衡(准无辐散)方程组,考虑了大气风应力对海洋的强迫和瑞利摩擦,控制方程组为:

$$\frac{\partial u}{\partial t} + \delta\left(u\frac{\partial u}{\partial x} + v\frac{\partial u}{\partial y}\right) - (f_0 + \beta y)v + \frac{\partial \Phi}{\partial x} + \mu u = \tau_x = \gamma u_a \tag{7.1a}$$

$$\frac{\partial v}{\partial t} + \delta\left(u\frac{\partial v}{\partial x} + v\frac{\partial v}{\partial y}\right) + (f_0 + \beta y)u + \frac{\partial \Phi}{\partial y} + \mu v = \tau_y = \gamma v_a \tag{7.1b}$$

$$\frac{\partial u}{\partial x} + \frac{\partial v}{\partial y} = 0 \tag{7.1c}$$

在此 $\tau_x = \gamma u_a$,$\tau_y = \gamma v_a$ 为风应力,u_a,v_a 为风速;γ 为比例系数,μ 为瑞利摩擦系数,两者均设为常数;f_0 为 y_0 处的地转参数;$\beta = \partial f/\partial y|_{y=y_0}$,这里 y_0 为 β 通道的中心位置,这些均与第 6 章相同;δ 则为示踪因子,取值为 0 或 1;当 $\delta = 0$ 时为线性情况,此时控制方程组即为第 6 章的形式,$\delta = 1$ 时则为非线性的情况。因在式(7.1c)中已做了准平衡(准无辐散)近似,故该模型中仅包含涡旋波。

若是大尺度风场强迫,则可设 u_a,v_a 为准定常(赵艳玲,2008),即有:

$$u_a \approx u_a(x,y), v_a \approx v_a(x,y) \tag{7.2}$$

在这种情况下可求取方程组(7.1)的定常解,即可不考虑 $\partial u/\partial t$ 和 $\partial v/\partial t$ 项。

由式(7.1.c)可引入扰动流函数 ψ,这样有

$$u = -\frac{\partial \psi}{\partial y}, \quad v = \frac{\partial \psi}{\partial x} \tag{7.3}$$

将式(7.3)代入式(7.1a)、(7.1b),在略去 $\partial u/\partial t$ 和 $\partial v/\partial t$ 项后,将式(7.1a)对 y 微商后再减去式(7.1b)对 x 微商以便消去 Φ,则可得

$$\delta\left(-\frac{\partial\psi}{\partial y}\frac{\partial\Delta\psi}{\partial x}+\frac{\partial\psi}{\partial x}\frac{\partial\Delta\psi}{\partial y}\right)+\mu\Delta\psi+\beta\frac{\partial\psi}{\partial x}=\gamma\zeta_a \tag{7.4}$$

在此 $\gamma\zeta_a$ 为大气风场的强迫项，ζ_a 为大气风场的涡度，且有

$$\zeta_a=\frac{\partial v_a}{\partial x}-\frac{\partial u_a}{\partial y} \tag{7.5}$$

考虑一个梯形海域（矩形可看作梯形的特例），其南北为纬向 β 通道的边界，并有东北—西南走向的直线倾斜的西海岸以及南北向的东海岸（参见图 7.3a），这样对方程（7.4），有以下边界条件：

在东海岸和西海岸有：$\psi=0$ $\qquad\qquad\qquad\qquad\qquad\qquad$ (7.6.1)

在南海岸和北海岸，即在 $y=y_0\pm M$ 处有：$\psi=0$ $\qquad\qquad\qquad$ (7.6.2)

即在东、西海岸处与南、北海岸处均设为刚壁，这里 M 可视为 β 通道的半宽。为得到在风应力强迫下该模型海洋的响应流场，需求取在给定大气涡度的情况下，方程（7.4）在梯形海域上满足边条件（7.6）的解。

7.1.2　超松弛迭代求解方法

由于考虑了东北—西南向的倾斜西海岸，此时方程（7.4）难以求得解析解，为此可采用超松弛迭代法进行数值求解。

7.1.2.1　迭代公式

取一个矩形，其长边为南海岸，短边为东海岸。在该矩形中将方程（7.4）在 x,y 方向离散化为差分方程，其形式为

$$\frac{\delta}{4\Delta x\Delta y}(\psi_{i,k-1}-\psi_{i,k+1})\left[(\Delta\psi)_{i+1,k}-(\Delta\psi)_{i-1,k}\right]+\frac{\delta}{4\Delta x\Delta y}(\psi_{i+1,k}-\psi_{i-1,k})\left[(\Delta\psi)_{i,k+1}-(\Delta\psi)_{i,k-1}\right]$$

$$+\mu(\Delta\psi)_{i,k}+\frac{\beta}{2\Delta x}\cdot(\psi_{i+1,k}-\psi_{i-1,k})=\gamma\zeta_{ak} \tag{7.7}$$

这里 ζ_{ak} 是已知的，$\Delta x,\Delta y$ 为 x,y 方向的差分步长，且有

$$(\Delta\psi)_{i,k}=\frac{\psi_{i+1,k}+\psi_{i-1,k}}{\Delta x^2}+\frac{\psi_{i,k+1}+\psi_{i,k-1}}{\Delta y^2}-C_5\psi_{i,k} \tag{7.8}$$

在此 $C_5=\left(\frac{2}{\Delta x^2}+\frac{2}{\Delta y^2}\right)$。式（7.7）经一系列代数运算后可得

$$\psi_{i,k}=\delta D_1(\psi_{i,k-1}-\psi_{i,k+1})\left[(\Delta\psi)_{i,k+1,k}-(\Delta\psi)_{i-1,k}\right]+\delta D_2(\psi_{i+1,k}-\psi_{i-1,k})\left[(\Delta\psi)_{i,k+1}-(\Delta\psi)_{i,k-1}\right]$$

$$+D_3(\psi_{i+1,k}+\psi_{i-1,k})+D_4(\psi_{i,k+1}+\psi_{i,k-1})+D_5(\psi_{i+1,k}-\psi_{i-1,k})-D_6\zeta_{ak}=0 \tag{7.9}$$

这里有 $D_1=1/(4\Delta x\Delta y\mu C_5)$，$D_2=1/(4\Delta x\Delta y\mu C_5)$，$D_3=1/(\Delta x^2 C_5)$，$D_4=1/(\Delta y^2 C_5)$，$D_5=\beta/(2\Delta x\mu C_5)$，$D_6=\gamma/(\mu C_5)$。用不为零的常数 ω 乘式（7.9）后，再在等号两边各加 $\psi_{i,k}$，则可构成迭代恒等式，由该恒等式就可得到超松弛迭代公式：

$$\psi_{i,k}^{n+1}=(1-\omega)\psi_{i,k}^n+\omega\{\delta D_1(\psi_{i,k-1}^n-\psi_{i,k+1}^n)\left[(\Delta\psi)_{i+1,k}^n-(\Delta\psi)_{i-1,k}^n\right]$$

$$+\delta D_2(\psi_{i+1,k}^n-\psi_{i-1,k}^n)\left[(\Delta\psi)_{i,k+1}^n-(\Delta\psi)_{i,k-1}^n\right]$$

$$+D_3(\psi_{i+1,k}^n+\psi_{i-1,k}^n)+D_4(\psi_{i,k+1}^n+\psi_{i,k-1}^n)+D_5(\psi_{i+1,k}^n-\psi_{i-1,k}^n)-D_6\zeta_{ak}\} \tag{7.10}$$

在此，ω 为松弛因子，可取 $\omega=0.6$，n 为迭代次数。当取 $\delta=0$ 时，则式（7.10）就退化为线性情况的迭代公式。

7.1.2.2　梯形海域迭代操作步骤

由于西边界是倾斜的,故实际的求解海域是梯形海域。在该海域具体的迭代操作步骤为:在以上矩形范围中做第一次迭代,迭代初值 $\psi^0_{i,k}$ 可取为 0,将其代入式(7.10)迭代,迭代完毕后可得 $\psi^1_{i,k}$。对于梯形海域的情况,在得到 $\psi^1_{i,k}$ 后,将原矩形位于陆上的部分,即图 7.3a 中位于该矩形西北角的倒立直角三角形中的 ψ^1 充 0 值,然后将这样处理后的 $\psi^1_{i,k}$ 值再代入式(7.10),得到 $\psi^2_{i,k}$;并将该倒立直角三角形中的 ψ^2 再充 0 值,将这样处理后的 $\psi^2_{i,k}$ 值再代入式(7.10)继续迭代,得到 $\psi^3_{i,k}$,并再做充 0 值操作;如此反复进行,直到其精度满足要求时停止(精度可用其最大绝对误差或相对误差来衡量)。当取 $\Delta x = \Delta y$ 时则为正方形网格,此时西海岸与纬线的夹角 φ 为 45°,当改变 $\Delta y/\Delta x$ 的比值时,则可改变西海岸的斜度即夹角 φ,这是因 $\varphi = \arctan(\Delta y/\Delta x)$ 的缘故。

7.1.3　强迫风场水平分布廓线的选取

以上各章已得到,中纬度西风异常的强迫是 NPGO 的直接原因,本章为再现 NPGO 模态的流场模,海面强迫风场则应取该西风的形态。为此这里强迫风场均取为在以上 β 通道中心处纬向风分量最大,并向南北方向减小的水平西风急流形态,而经向风分量则均取为 0,即取水平西风急流的形态;而该急流的分布廓线则取下面的两种形式。

7.1.3.1　三角函数分布

该分布形式的强迫风场设为(张永垂等,2011):

$$u_a = \hat{u}_a + \tilde{u}_a \cos\left[\frac{\pi}{M}(y - y_0)\right] \tag{7.11.1}$$

$$v_a = 0 \tag{7.11.2}$$

这里 $\hat{u}_a$,$\tilde{u}_a$ 为大于 0 的常数,$\hat{u}_a > \tilde{u}_a$。在 x 方向则该强迫风场不变,其最大值为 $\hat{u}_a + \tilde{u}_a$,最小值为 $\hat{u}_a - \tilde{u}_a > 0$,均出现在 β 通道中心处,式(7.11.1)即为其水平分布廓线的表达式。如此则有:

$$\zeta_a = -\frac{\partial u_a}{\partial y} = \frac{\pi}{M}\tilde{u}_a \sin\left[\frac{\pi}{M}(y - y_0)\right] \tag{7.12}$$

在此 ζ_a 为大气强迫风场的涡度,当该风场给定后,其是已知的。由式(7.12)可见该涡度仅与 $\tilde{u}_a$ 有关,而与 $\hat{u}_a$ 无关。

7.1.3.2　正态分布

该分布形式的强迫风场设为:

$$u_a = \hat{u}_a + \tilde{u}_a \exp[-\kappa(y - y_0)^2] \tag{7.13.1}$$

$$v_a = 0 \tag{7.13.2}$$

这里 $\hat{u}_a$,$\tilde{u}_a$ 和 κ 均为大于 0 的常数,$\hat{u}_a > \tilde{u}_a$,与以上方案类似;此时 $y = y_0$ 处也存在水平最大纬向风速轴线,而 κ 则反映了该西风急流形式风场分布的水平方向宽窄;在 β 通道中心处,其最大风速为 $\hat{u}_a + \tilde{u}_a$,式(7.13.1)即为其水平分布廓线的表达式。

$$\zeta_a = -\frac{\partial u_a}{\partial y} = 2\tilde{u}_a\kappa(y - y_0)\exp[-\kappa(y - y_0)^2] \tag{7.14}$$

与上述三角函数分布方案相同,当该风场给定后,其涡度 ζ_a 是已知的。由式(7.14)可见该涡度仅与 $\tilde{u}_a$,κ 有关,而与 $\hat{u}_a$ 无关。

以上两种西风强迫的水平分布廓线均体现了在 β 通道中轴线上西风风速最大且其向南北两侧衰减的西风急流形式。

7.2 海洋对西风强迫的响应和迭代法的验证

本节取 $\delta=0$，即取线性情况，来讨论海洋对上面两种西风分布的响应，并利用矩形海域对超松弛迭代法进行验证。

7.2.1 海洋对西风强迫的响应

线性情况下因叠加原理成立，故能解析得到海洋对西风强迫的响应情况。由式（7.4）知，解 ψ 仅与西风强迫的涡度有关，而由式（7.12）、（7.14）可知，该涡度与 $\tilde{u}_a$ 成正比。这样 ζ_a 可写成：

$$\zeta_a = \tilde{u}_a \zeta_0(y) \qquad\qquad (7.15)$$

对于以上两种西风强迫风场分布，$\zeta_0(y)$ 分别为：

$$\zeta_0(y) = \frac{\pi}{M}\sin\left[\frac{\pi}{M}(y - y_0)\right] \qquad\qquad (7.16.1)$$

和

$$\zeta_0(y) = 2\kappa(y - y_0)\exp\left[-\kappa(y - y_0)^2\right] \qquad\qquad (7.16.2)$$

在此 $\zeta_0(y)$ 可认为是西风涡度的经向分布函数，而 $\tilde{u}_a$ 则可认为是西风涡度的强度。

将式（7.15）代入式（7.4）则可得到与后者形式相同的方程，只不过此时应变量由 ψ 换成 $\psi_0 = \psi/\tilde{u}_a$，且 ψ,ψ_0 两者满足同样的边界条件。这样只需求出西风涡度经向分布函数的解 ψ_0，就能得到在各西风涡度强迫下海洋流函数的响应 ψ，即有 $\psi = \tilde{u}_a\psi_0$。ψ 的分布形式与 ψ_0 相同，但流函数的值增加了 $\tilde{u}_a$ 倍。如此求取 ψ 的问题即可转化为求解 ψ_0 的问题。这表明在线性情况下，若西风的空间分布不变，仅强度增大数倍，则相应的海洋流场响应的空间分布亦不变，其强度增大同样的倍数。

7.2.2 迭代方案的验证

在此给出矩形海洋的计算结果，以便与解析解做比较，以验证迭代方案的正确性及其精度。因此时海洋范围为矩形，故在计算的迭代步骤中无需进行上述充入 0 值的操作。取呈三角函数分布的西风强迫（张永垂等，2011），此时在式（7.11）中取 $\tilde{u}_a = 2$ m/s，$\hat{u}_a = 4$ m/s。图7.1a 中空心圆线给出了所取强迫风场的经向分布廓线。计算时取 β 通道中心为 40°N，其半宽为 1000 km；参数 γ,μ 和 β 取值为 $\gamma = 10^{-6}\,s^{-1}$，$\mu = 3\times10^{-5}\,s^{-1}$，$\beta = 1.7536\times10^{-11}$ m/s(40°N 的值）；这些均与上章中的值相同，下文中都取这些参数，不再赘述。取矩形海洋的南、北边为 10000 km，东、西边（东、西海岸）为 2000 km（此海洋范围与北太平洋相当），并取 $\Delta y = \Delta x = 50$ km，当流函数迭代的最大绝对误差小于 10^{-3} m²/s 时结束迭代；由迭代得到的流函数取值看，这是高精度的迭代。

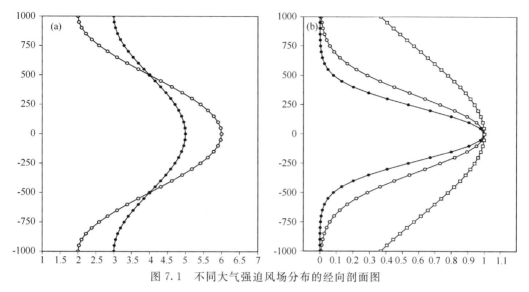

图 7.1　不同大气强迫风场分布的经向剖面图

（a）三角函数分布，其中"○"表示 $\tilde{u}_a = 2$ m/s，$\hat{u}_a = 4$ m/s；" · "表示 $\tilde{u}_a = 1$ m/s，$\tilde{u}_a = 4$ m/s；

（b）正态分布，其中" □ "表示 $\kappa = 10^{-12}$ m^{-2}，" · "表示 $\kappa = 5 \times 10^{-12}$ m^{-2}，" ○ "表示 $\kappa = 10^{-11}$ m^{-2}

横坐标：风速，单位：m/s；纵坐标：距 β 通道中心的距离，单位：km

　　在此可将强迫风场理解为异常，图 7.2a 给出了用迭代方法算得的海洋流函数对西风异常强迫的响应，图 7.2b 则给出了相应海洋流场的响应，在水平方向只给到距西海岸 3000 km 处（以下流场图同）。图 7.2c 给出了张永垂等（2011）求得的流场解析解，以资对照。迭代解与解析解的参数相同，唯一不同的是解析解取为半无界空间海域，即无东海岸。将两者比较后可见，其分布形式与流场速度大小均十分接近，这表明该迭代方案是可行和可信的。

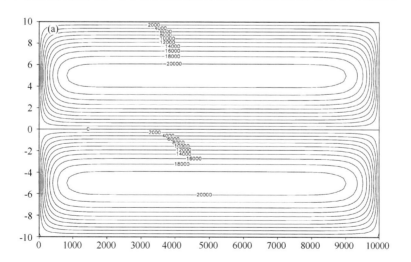

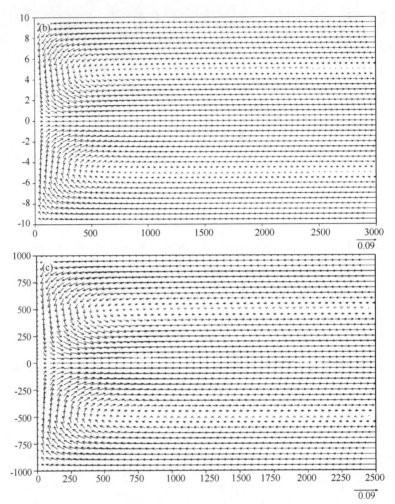

图 7.2 由迭代法算得的流函数场(a)和流场(b)及流场的解析解(c)

图中流函数单位为 m²/s，流场单位为 m/s。

横坐标：距西海岸的距离，单位：km；

纵坐标：距 β 通道中心的距离，单位：(a)、(b)为 100 km，(c)为 km

7.3　线性倾斜西边界海洋的计算结果

以下取线性海洋模型($\delta=0$)，对西风廓线为三角函数分布和正态分布两种情况，求解倾斜西边界下海洋响应的超松弛迭代解，并做讨论。

7.3.1　西风廓线为三角函数分布

因取了倾斜海洋西边界，故此时计算的海域为直角梯形。在计算中均取该梯形的南边为 10000 km、东边（东海岸）正交于纬线，长 2000 km。梯形的西边（西海岸）是倾斜的，其与纬线的夹角为 φ，此时梯形北边的长度为 $10000-2000/\tan\varphi$（单位 km）。该梯形的范围与中纬度北太平洋海区大体相当。改变 Δy 可改变夹角 φ，Δy 的具体值以及所取的风场分布和参数 κ 则在各具体计算方案中分别给出。$\tilde{u}_a = 1$ m/s。图 7.1a 中实心圆线给出了强迫风场的经向剖面。这里取 $\Delta y = \Delta x = 50$ km，此时 $\varphi = 45°$。图 7.3a 给出了以上情况算得的海洋流函数的响应。图 7.3b 则给出了相应海洋流场的响应。

仍取以上的强迫风场涡度经向分布函数，即图 7.1a 中的实心圆线，但改变西海岸的斜度。此时取 $\Delta y = 2\Delta x = 100$ km，此时有 $\varphi = \arctan 2 = 63.4°$。图 7.4a、b 分别给出了相应海洋流函数和流场的响应。

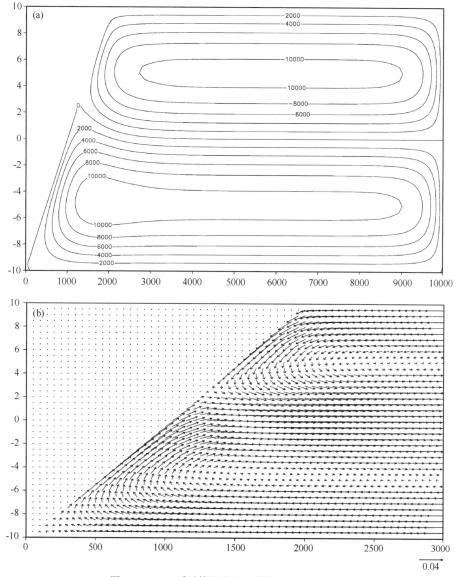

图 7.3　$\varphi = 45°$ 时算得的流函数场(a)和流场(b)

流函数单位为 m²/s，流场单位为 m/s

横坐标：距西海岸的距离，单位 km；纵坐标：距 β 通道中心的距离，单位：100 km

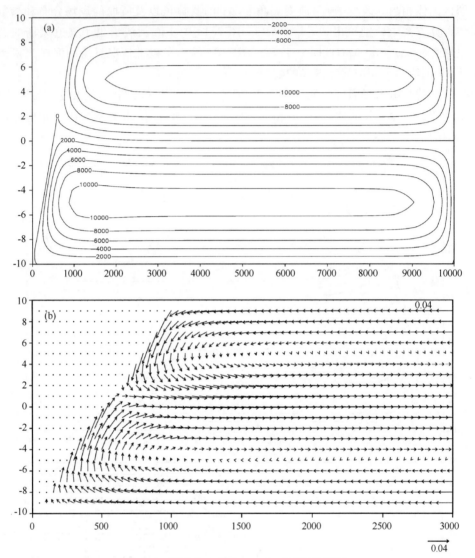

图 7.4　同图 7.3,但为 $\varphi=63.435°$时的情况

7.3.2　西风廓线为正态分布

　　现给出强迫风场的涡度经向分布函数为正态分布时的计算结果。此时也取 $\tilde{u}_a=1$ m/s,并同时取 $\hat{u}_a=0$。图 7.1b 中分别给出了取 $\kappa=10^{-12}$ m^{-2}(方框线),$\kappa=5\times10^{-12}$ m^{-2}(实心圆线)和 $\kappa=10^{-11}$ m^{-2}(空心圆线)的风场经向分布。图 7.5 a—c 分别给出了 κ 取以上 3 个数值,同时取 $\Delta y=\Delta x=50$ km,即取 $\varphi=45°$时算得的海洋流函数的响应,因海洋流场的响应可用海洋流函数的响应来代表,故流场响应的图略。

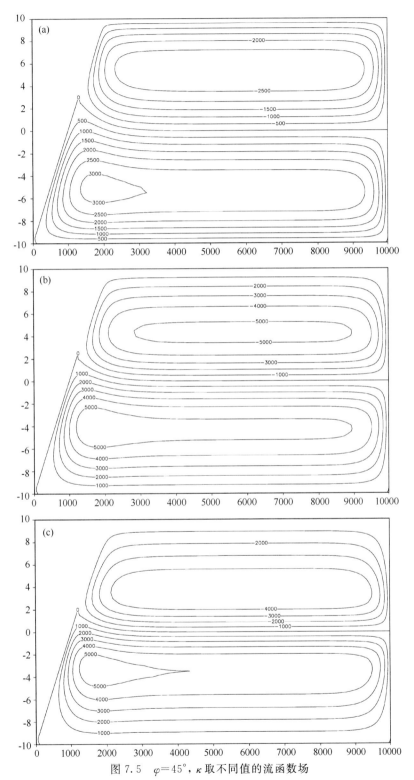

图 7.5　$\varphi = 45°$，κ 取不同值的流函数场

单位：m^2/s；(a) $\kappa = 10^{-12}\,\text{m}^{-2}$；(b) $\kappa = 5 \times 10^{-12}\,\text{m}^{-2}$；(c) $\kappa = 10^{-11}\,\text{m}^{-2}$；

横坐标：距西海岸的距离，单位 km；纵坐标：距 β 通道中心的距离，单位：100 km

以下仍取上述正态分布的强迫风场涡度经向分布函数,即图 7.1b 中的 3 种情况来进行计算,但此时改变了西海岸的斜度;这里取 $\Delta x = 0.5\Delta y$,即 $\varphi = \arctan 2 = 63.4°$。图 7.6 a—c 分别给出了相应海洋流函数的响应。同理,海洋流场响应的图略。

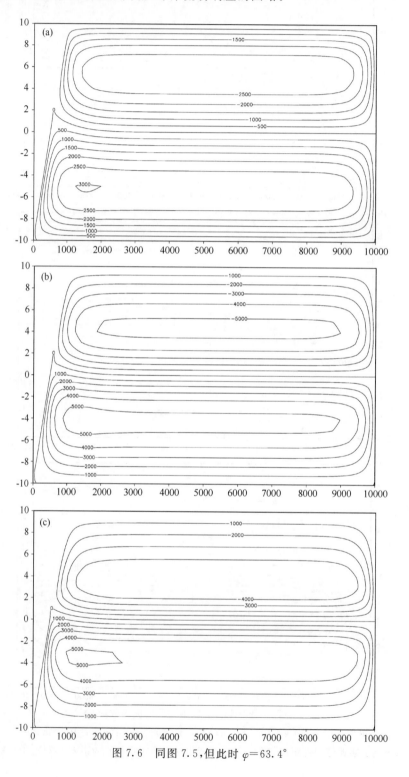

图 7.6   同图 7.5,但此时 $\varphi = 63.4°$

7.3.3　西海岸斜度和风场分布的影响

在强迫风场涡度的经向分布函数固定后,当西海岸与纬线正交,即其与纬线夹角为 90°时,海洋响应的最大东向流位于 β 通道中心线上,即 40°N 处,而 β 通道中流函数的零线则与西海岸线正交;当西海岸存在倾斜时,在西海岸线处,β 通道中流函数的零线与其不再正交,且西海岸倾斜度越大即西海岸与纬线夹角越小时,该零线与西海岸线的夹角越小,该零线位置也向北偏移得越多,且此种偏移只决定于西海岸的倾斜程度,而与强迫风场的强度 $\tilde{u}_a$ 无关;在比较图 7.3－图 7.6 上流函数标注"0"处的位置后即可见该偏移。西海岸与纬线正交时,在近西海岸处 β 通道中流函数零线的两侧流动存在对称性,且零线南、北侧靠近西海岸处分别有强度相当的反气旋性曲率和气旋性曲率(图 7.2);当西海岸存在倾斜时,这种对称性遭破坏,且导致南边的反气旋性曲率变强,范围也变大,而北边的气旋性曲率变弱,当西海岸倾斜度越大时,则反气旋性曲率比气旋性曲率越要偏强(图 7.3－图 7.6)。

在取梯形海域并取大气强迫风场为正态分布的情况下,则 κ 越小,即地面西风急流形式的风场分布得越宽阔,在西海岸处流函数的零线向北偏移得也就越明显(参见图 7.5－图 7.6 上流函数标注"0"处的位置偏移)。

7.4　北太平洋环流振荡流场模的再现

从以上矩形海域的计算结果看,迭代得到的解在西风急流两侧的近西海岸处,分别存在大尺度反气旋式及气旋式的涡旋环流,而在远离西海岸的海域,则存在海盆尺度的气旋式及反气旋式曲率的环流,与上章在时刻 $t=0$ 和 $t=T/2$(T 为风场变化周期,取 12 年)再现的 NPGO 流场模很相似(参见图 6.2 a 和图 7.2)。

从考虑西海岸的倾斜,梯形海域的计算结果看,迭代得到的解在西海岸以东的海域,在西风急流两侧同样分别出现了反气旋性和气旋性环流,而在远离西海岸的海域,则存在海盆尺度的气旋式及反气旋式曲率的环流(参见图 7.3－图 7.6),由于考虑了海岸倾斜,此解对 NPGO 模态流场模的刻画要较上章更好,此时近西海岸处反气旋性和气旋性环流的曲率中心连线呈东北－西南走向,且南边的环流较北边的强度和范围都更大,并形成了涡旋(参见图 7.3、图 7.5 和图 7.6),这就更接近第 5 章中的诊断结果(参见图 5.8)。注意到此时解中两环流交汇处有西北－东南方向的流,这也与第 5 章的 NPGO 流场模相像(参见图 5.8),而与不考虑西海岸倾斜时的矩形情况有较大差异(那里没有该西北－东南方向的流,参见图 7.2)。

总之,在考虑了西海岸的倾斜后,梯形海洋对 NPGO 模态流场模的再现要更好;在海洋流场对西风异常的响应中,西海岸的倾斜性也是不可忽视的,西海岸倾斜对 NPGO 也有影响。

7.5　非线性情况的计算结果和讨论

以下取 $\delta=1$,即考虑了非线性平流项,再对上述两种风场分布进行迭代计算,在此所取的风场强迫、海域范围、以及参数均与以上线性情况相同,即参数均取典型值。计算表明,非线性与线性两者的计算结果几乎相同,在流函数图和流线图上均看不出有什么差别,为此非线性计算结果的图略。

　　线性与非线性两者计算的结果几乎一样,这是因海洋流速较小的缘故;在取以上典型值的条件下,两者算得的最大海洋流速仅 0.04 m/s,此结果也与真实海洋情况相一致。这表明对海洋模型进行线性化是合理和可行的,也是符合实际情况的。这还表明,对第 6 章的海洋模型取线性化近似是可以的,采用经验正交函数分解的方法进行研究也是合适的。然而,在非线性模型中也会出现计算结果对参数很敏感和迭代不收敛的情况。如当减小瑞利摩擦系数 μ 而其他参数不变时,就有该情况出现。当取 $\mu = 4.394 \times 10^{-6}$ 时,线性与非线性的计算结果两者几无差别,其海洋响应流场的分布形态与图 7.2b 相似(图略),仅其最大流速增至 0.3 m/s(这在真实海洋中已偏大)。这时若将 μ 再减小至 4.393×10^{-6},则非线性下迭代就不再收敛;而线性情况下 μ 取该值甚至更小时迭代计算仍能正常进行。对参数的敏感是非线性方程的固有特点,在此也不例外。非线性下出现迭代不收敛和解对参数很敏感时,表明此时略去海洋模型中的时间导数项是不合理的,这时的解非定常;不过在取真实海洋、大气参数的典型值下,对本章研究的问题,这种情况不会发生。

7.6　本章小结

　　本章利用一个考虑风场强迫的带有非线性平流项的正压准平衡海洋模型,讨论了线性和非线性情况下具有倾斜西海岸线的海洋流场对中纬度大气西风异常强迫的响应;用该海洋模型可推得一个带有非线性项的偏微分方程,并能用超松弛迭代法求解;并得到下面主要结论:

　　(1)采用超松弛迭代法来再现具有倾斜西海岸线下的 NPGO 流场模;计算结果更符合实际,故西海岸的倾斜性也是不可忽视的,其对 NPGO 也有影响;这也再次表明,海洋对中纬度西风异常强迫的响应是 NPGO 的直接原因。

　　(2)因西海岸线的倾斜,导致在该海岸线以东 β 通道中心线上的流函数 0 线北移,近西海岸处西风急流两侧的反气旋与气旋环流对称性遭到破坏,此时南边的环流较北边的强度和范围都更大,并形成了涡旋。

　　(3)非线性与线性情况下的计算结果几乎相同,但非线性解对参数是敏感的。

第 8 章　大洋环流模式对北太平洋环流振荡模态的数值模拟

第 3 章对北太平洋海表温度距平(SSTA)和大气海表气压距平(SLPA)的分析表明,海洋的 PDO 模态主要由大气的 AL 模态强迫;海洋的 NPGO 模态主要由大气的 NPO 模态强迫。在 NPO 模态和 NPGO 模态中,北太平洋中纬度存在 SLPA 和 SSTA 的经向梯度大值带,其分别与地面西风和海表纬向流有密切关系,这样海表流场异常对大气海面风场异常的响应就成为 NPO 和 NPGO 两模态联系的桥梁。第 5 章中讨论了大气环流与大洋环流的耦合,更证实了这一点。本章将主要利用大洋环流模式,再现 NPGO,为进一步探索 NPGO 的机理打下基础。

8.1　大洋环流数值模式介绍

本章所用的大洋环流模式 OGCM1 是由李东辉博士(2005)在中科院大气所张学洪研究员等开发的 L30T63 大洋环流模式(Zhang and Liang,1989;Zhang *et al.*,1991;Zhang *et al.*,1996;周天军等,2000;刘海龙等,2004)的基础上的改进版本,主要的改进是提高了模式分辨率。下面对该 OGCM1 模式做简单介绍。本节内容主要摘录自李东辉的博士学位论文(2005)。

8.1.1　模式控制方程

令 θ,λ,z 和 t 分别代表余纬、经度、深度和时间,则描述大洋环流的斜压原始方程组为:

$$\frac{\partial T}{\partial t} + u\,\frac{\partial T}{a\sin\theta\partial\lambda} + v\,\frac{\partial T}{a\partial\theta} + w\,\frac{\partial T}{\partial z} = FH + CON \tag{8.1a}$$

$$\frac{\partial S}{\partial t} + u\,\frac{\partial S}{a\sin\theta\partial\lambda} + v\,\frac{\partial S}{a\partial\theta} + w\,\frac{\partial S}{\partial z} = FS + CON \tag{8.1b}$$

$$\frac{\mathrm{d}\boldsymbol{V}}{\mathrm{d}t} = -\frac{1}{\rho_0}\,\nabla p + f^*\,\boldsymbol{k}\times\boldsymbol{V} + \frac{\partial}{\partial z}\left(A_{mv}\,\frac{\mathrm{d}\boldsymbol{V}}{\partial z}\right) + \boldsymbol{F} \tag{8.1c}$$

$$\frac{1}{a\sin\theta}\left(\frac{\partial u}{\partial\lambda} + \frac{\partial v\sin\theta}{\partial\theta}\right) + \frac{\partial w}{\partial z} = 0 \tag{8.1d}$$

$$\frac{\partial p}{\partial z} = -\rho g \tag{8.1e}$$

$$\rho = \rho(T,S,z) \tag{8.1f}$$

其中,CON 代表出现不稳定层结时的对流。该方程组中各符号的定义为:

$$\boldsymbol{V} = v\boldsymbol{e}_\theta + u\boldsymbol{e}_\lambda \tag{8.2a}$$

$$\nabla = \frac{\partial}{a\partial\theta}\boldsymbol{e}_\theta + \frac{\partial}{a\sin\theta\partial\lambda}\boldsymbol{e}_\lambda \tag{8.2b}$$

$$\boldsymbol{F} \equiv A_{mh}\left(\Delta\boldsymbol{V} + \frac{1-\mathrm{ctg}^2\theta}{a^2}\boldsymbol{V} + \frac{2\mathrm{ctg}\theta}{a^2\sin\theta}\boldsymbol{k}\times\frac{\partial\boldsymbol{V}}{\partial\lambda}\right) \tag{8.2c}$$

$$\frac{\mathrm{d}}{\mathrm{d}t} \equiv \frac{\partial}{\partial t} + u\,\frac{\partial}{a\sin\theta\partial\lambda} + v\,\frac{\partial}{a\partial\theta} + w\,\frac{\partial}{\partial z} \tag{8.2d}$$

$$\Delta \equiv \frac{1}{a^2\sin\theta}\,\frac{\partial}{\partial\theta}\sin\theta\,\frac{\partial}{\partial\theta} + \frac{1}{a^2\,\sin^2\theta}\,\frac{\partial^2}{\partial\lambda^2} \tag{8.2e}$$

$$f^* \equiv 2\omega\cos\theta + \frac{\mathrm{ctg}\theta}{a}u \approx 2\omega\cos\theta \tag{8.2f}$$

$$FH = A_{hh}\Delta T + \frac{\partial}{\partial z}\left(A_{hv}\,\frac{\partial T}{\partial z}\right) \tag{8.2g}$$

$$FS = A_{hh}\Delta S + \frac{\partial}{\partial z}\left(A_{hv}\,\frac{\partial S}{\partial z}\right) \tag{8.2h}$$

在此 $\boldsymbol{e}_\theta, \boldsymbol{e}_\lambda$ 和 $\boldsymbol{k}$ 分别是沿着 θ(向南)、λ(向东)和垂直方向的单位矢量(指向天顶),ω 为地球自转角速度,其它符号均为常用。

为方便描述自由海面和处理海底地形,该模式的垂直坐标采用了 η 坐标(宇如聪,1989),它和 z 坐标的关系为:

$$\eta \equiv -\frac{z_0-z}{z_0+H_b}\times\eta_s, \eta_s = \frac{H_b}{H_m} \tag{8.3}$$

在此 z_0 为海表高度,H_b 为准阶梯状的海底地形,H_m 为最大海底地形深度;故 η 的取值范围为:在 $z=z_0$ 处,$\eta=0$;在 $z=-H_b$ 处,$\eta=-\eta_s$,并有

$$\frac{\partial}{\partial z} = \frac{H_b}{(z_0+H_b)H_m}\,\frac{\partial}{\partial\eta} \approx \frac{1}{H_m}\,\frac{\partial}{\partial\eta} \tag{8.4a}$$

$$\nabla|_z \approx \nabla|_\eta - \frac{1}{H_m}\nabla\left[\left(1+\frac{H_m}{H_b}\eta\right)z_0\right]\frac{\partial}{\partial\eta} \tag{8.4b}$$

$$\frac{\mathrm{d}}{\mathrm{d}t} \equiv \frac{\partial}{\partial t} + u\,\frac{\partial}{a\sin\theta\partial\lambda} + v\,\frac{\partial}{a\partial\theta} + \dot{\eta}\,\frac{\partial}{\partial\eta} \tag{8.4c}$$

$$w = \frac{\mathrm{d}z}{\mathrm{d}t} = \left(\frac{1}{1+z_0/H_b}H_m\right)\dot{\eta} + \left(1+\frac{H_m}{H_b}\eta\right)\frac{\partial z_0}{\partial t} + \boldsymbol{V}\cdot\nabla\left[\left(1+\frac{H_m}{H_b}\eta\right)z_0\right] \tag{8.4d}$$

由此可得到与 z 坐标中(8.1a)—(8.1e)相对应的 η 坐标系中的控制方程:

$$\frac{\partial T}{\partial t} = -\left(u\,\frac{\partial T}{a\sin\theta\partial\lambda} + v\,\frac{\partial T}{a\partial\theta} + \dot{\eta}\,\frac{\partial T}{\partial\eta}\right) + FH + CON \tag{8.5a}$$

$$\frac{\partial S}{\partial t} = -\left(u\,\frac{\partial S}{a\sin\theta\partial\lambda} + v\,\frac{\partial S}{a\partial\theta} + \dot{\eta}\,\frac{\partial S}{\partial\eta}\right) + FS + CON \tag{8.5b}$$

$$\frac{\mathrm{d}\boldsymbol{V}}{\mathrm{d}t} = -\frac{1}{\rho_0}\nabla p + f^*\boldsymbol{k}\times\boldsymbol{V} + g'\nabla\left[\left(1+\frac{H_m}{H_b}\right)z_0\right] + \frac{\partial}{H_m^2\partial\eta}\left(A_{mv}\,\frac{\partial\boldsymbol{V}}{\partial\eta}\right) + \boldsymbol{F} \tag{8.5c}$$

$$\frac{\partial z_0}{\partial t} + \frac{H_b}{a\sin\theta}\left(\frac{\partial(1+z_0/H_b)u}{\partial\lambda} + \frac{\partial(1+z_0/H_b)v\sin\theta}{\partial\theta}\right) + H_b\,\frac{\partial(1+z_0/H_b)\dot{\eta}}{\partial\eta} = 0 \tag{8.5d}$$

$$\frac{\partial p}{\partial\eta} = -\rho_0 H_m g' \tag{8.5e}$$

其中 $g' = -\dfrac{\rho}{\rho_0}g$。

模式中,海水的状态方程由三阶多项式拟合的 UNESCO 公式计算的,只计算位密度对温度和盐度的扰动量,即扣除了所在深度的参考层结(Bryan and Cox,1972;Unesco,1981)。令

θ, S 和 ρ 分别表示海水的位温、盐度和位密度, 则海水的位密度变化可表示为:

$$\delta\rho = c_1\delta\theta + c_2\delta S + c_3\delta\theta^2 + c_4\delta\theta\delta S + c_5\delta S^2$$
$$+ c_6\delta\theta^3 + c_7\delta\theta\delta S^2 + c_8\delta\theta^2\delta S + c_9\delta S^3 \tag{8.6a}$$

$$\delta\rho = \rho - \rho_r; \quad \delta\theta = \theta - \theta_r; \quad \delta S = S - S_r \tag{8.6b}$$

其中 ρ_r, θ_r 和 S_r 分别表示参考密度、参考位温和参考盐度。确定(8.6a)式中 9 个系数 c_i, $i = 1$, $2, \cdots, 9$ 时则考虑了压力对密度的影响, 故而是随深度而变化的。

8.1.2　正斜压分解－耦合算法

曾庆存和张学洪等(1987)首次在大洋环流模式中引入了自由海面高度, 从而取消了海面刚盖近似。这就使得在海洋模式的原始方程中, 包含了快速传播的重力外波, 这样就只能用小的计算时间步长; 而对扣除重力外波后的剩余部分, 则计算时间步长可加大。为了节省计算机时, 可将该原始方程分成正压和斜压两部分, 正压部分即原始方程的垂直积分, 斜压部分即原始方程中扣除正压部分的剩余。该 OGCM1 模式所用的正斜压分离－耦合算法和 LASG 的 20 层海洋模式基本相同, 源于 Mellor(1993)。定义:

$$\overline{(\quad)} = \frac{1}{\eta_s}\int_{-\eta_s}^{0}(\quad)d\eta \tag{8.7a}$$

$$XB = -L(u) + \frac{\partial}{H_m^2\partial\eta}\left(A_{mv}\frac{\partial u}{\partial\eta}\right) + F_x \tag{8.7b}$$

$$YB = -L(v) + \frac{\partial}{H_m^2\partial\eta}\left(A_{mv}\frac{\partial v}{\partial\eta}\right) + F_y \tag{8.7c}$$

$$L(f) = \frac{u}{a\sin\theta}\frac{\partial f}{\partial\lambda} + \frac{v}{a}\frac{\partial f}{\partial\theta} + \dot{\eta}\frac{\partial f}{\partial\eta} \tag{8.7d}$$

$$g'_b = \frac{\overline{g'}}{g} + \frac{\overline{g'\eta}}{g\eta_s} \tag{8.7e}$$

$$p_x = \int_{-\eta_s}^{0}\frac{H_m}{a\sin\theta}\frac{\partial g'}{\partial\lambda}d\eta \tag{8.7f}$$

$$p_y = \int_{-\eta_s}^{0}\frac{H_m}{a}\frac{\partial g'}{\partial\theta}d\eta \tag{8.7g}$$

这样方程(8.5c)、(8.5d)的垂直积分可表示为

$$\frac{\partial\bar{u}}{\partial t} = -(1-g'_b)\frac{g}{a\sin\theta}\frac{\partial z_0}{\partial\lambda} - \frac{1}{\rho_0 a\sin\theta}\frac{\partial p_{as}}{\partial\lambda} + \overline{p_x} - z_0\frac{\overline{g'\eta}}{\eta_s^2 a\sin\theta}\frac{\partial\eta_s}{\partial\lambda} - f^*\bar{v} + \overline{XB} \tag{8.8a}$$

$$\frac{\partial\bar{v}}{\partial t} = -(1-g'_b)\frac{g}{a}\frac{\partial z_0}{\partial\theta} - \frac{1}{\rho_0 a}\frac{\partial p_{as}}{\partial\theta} + \overline{p_y} - z_0\frac{\overline{g'\eta}}{\eta_s^2 a}\frac{\partial\eta_s}{\partial\theta} + f^*\bar{u} + \overline{YB} \tag{8.8b}$$

$$\frac{\partial z_0}{\partial t} + \frac{1}{a\sin\theta}\left(\frac{\partial(H_b + z_0)u}{\partial\lambda} + \frac{\partial(H_b + z_0)v\sin\theta}{\partial\theta}\right) = 0 \tag{8.8c}$$

以上三式就是分解后的正压部分, 称为正压模态, 由完整的动量方程减去正压部分就得到斜压部分的方程组, 称为斜压模态。

8.1.3　物理过程的参数化

8.1.3.1　边界条件和风应力的计算

取海表边界条件如下:

$$\dot{\eta}\mid_{\eta=0}=0 \tag{8.9a}$$

$$p\mid_{\eta=0}=p_{as}+\rho_0 gz_0 \tag{8.9b}$$

$$\left[A_{mv}\frac{\partial V}{\partial\eta}\right]_{\eta=0}=H_m\left(1+\frac{z_0}{H_b}\right)\frac{\boldsymbol{\tau}}{\rho_0}\approx\frac{H_m}{\rho_0}\boldsymbol{\tau} \tag{8.9c}$$

其中 A_{mv} 为垂直涡旋黏度系数,$\boldsymbol{\tau}$ 为风应力。

洋面上的热、盐条件有

$$\frac{\partial}{\partial z}\left(A_{hv}\frac{\partial T}{\partial z}\right)_{K=1}=\frac{1}{\Delta z_1}\left[A_{hv}\frac{\partial T}{\partial z}\Big|_{K=\frac{1}{2}}-A_{hv}\frac{\partial T}{\partial z}\Big|_{K=\frac{3}{2}}\right] \tag{8.10a}$$

$$A_{hv}\frac{\partial T}{\partial Z}\Big|_{k=\frac{1}{2}}=\frac{F_A}{\rho_0 c_p} \tag{8.10b}$$

故有

$$FH_1=\frac{1}{\Delta z_1 \cdot \rho_0 c_p}F_A \tag{8.11}$$

$$\frac{\partial}{\partial z}\left(A_{hv}\frac{\partial S}{\partial z}\right)_{K=1}=\frac{1}{\Delta z_1}\left[A_{hv}\frac{\partial S}{\partial z}\Big|_{K=\frac{1}{2}}-A_{hv}\frac{\partial S}{\partial z}\Big|_{K=\frac{3}{2}}\right] \tag{8.12a}$$

$$A_{hv}\frac{\partial S}{\partial Z}\Big|_{K=\frac{1}{2}}=\mu(S^*-S) \tag{8.12b}$$

故有

$$FS_1=\frac{\mu}{\Delta z_1}(S^*-S_1) \tag{8.13}$$

其中 Δz_1 是最上层网格元的厚度,并有

$$F_A=D_W(T_A^*-T_1) \tag{8.14a}$$

$$T_A^*=T_A+\frac{Q_W}{D_W} \tag{8.14b}$$

在此 T_1 和 S_1 为最上层的温度和盐度,T_A 为观测的海表气温,S^* 为观测的海表盐度。D_W 和 Q_W 的计算方法则见李东辉(2005)的博士学位论文。

大洋底层的边界条件如下:

$$\left[A_{mv}\frac{\partial V}{\partial\eta}\right]_{\eta=-\eta_s}=H_m\left(1+\frac{z_0}{H_b}\right)\frac{\boldsymbol{\tau}_b}{\rho_0}\approx\frac{H_m}{\rho_0}\boldsymbol{\tau}_b \tag{8.15a}$$

$$(\tau_b^x,\tau_b^y)=\rho_0 C_0\sqrt{u^2+v^2}(u\cos\alpha-v\sin\alpha,u\sin\alpha+v\cos\alpha) \tag{8.15b}$$

在此 $C_0=2.6\times10^{-3}$,当 $\theta<90°$ 时,取 $\alpha=-10°$,当 $\theta>90°$ 时,取 $\alpha=10°$。大洋底层的垂直速度取:

$$\dot{\eta}\mid_{\eta=-\eta_s}=0 \tag{8.16}$$

侧边界条件为:

$$u=v=0 \tag{8.17a}$$

$$\frac{\partial}{\partial n}(T,S)=0 \tag{8.17b}$$

其中 n 表示垂直于侧壁的方向。

8.1.3.2　表面热通量的计算

洋面和冰面的海表热通量可统一表示为:

$$F_A = S - R - LE - H \tag{8.18}$$

其中 S, R, LE 和 H 分别为净短波辐射、净长波辐射、潜热和感热。按照 Haney(1971)，对于长波和潜热的总体公式进行 Taylor 展开并取一阶近似，最终可得到如下的海表热通量公式：

$$F_A = D(T_A - T_g) + Q \tag{8.19a}$$

$$D = 4 \times 0.985 \times (0.39 - 0.05\sqrt{e_A})(1.0 - 0.6 n_c^2)\sigma T_A^3$$

$$+ \rho_A C_D V_A \left[c_p + L\left(\frac{0.622}{p_s}\right) \times 2353 \times \ln10 \frac{e_s(T_A)}{T_A^2} \right] \tag{8.19b}$$

$$Q = S - 0.985 \times (0.39 - 0.05\sqrt{e_A})(1.0 - 0.6 n_c^2)\sigma T_A^4$$

$$- \rho_A C_D V_A L \left(\frac{0.622}{p_s}\right) e_s(T_A)\left(1.0 - \frac{q_A}{q_s(T_A)}\right) \tag{8.19c}$$

当单独运行海洋模式时，S, T_A, V_A, n_c 和 q_A 取自观测资料，当与 AGCM 耦合时取自 AGCM 输出结果，其他如饱和水汽压 $e_s(T_A)$ 等可根据经验公式计算得到。

需要注意的是进入水面和冰面的净太阳短波辐射有所不同，其为：

$$S = (1 - \lambda)S_W + \lambda \cdot (1 - \alpha_0)\frac{1 - \alpha_I}{1 - \alpha_W}S_W \tag{8.20}$$

在此 $\alpha_0 = 0.068, \alpha_I = 0.5, \alpha_W = 0.1$；而 $\lambda = 1$ 对应于冰面，$\lambda = 0$ 对应于水面。

有关该 OGCM1 模式中的热力学海冰模式、等密度混合方案、太阳短波透射的参数化方案和对流调整方案等请参见李东辉的博士学位论文(2005)，这里不再介绍。

8.2　数值方法

OGCM1 模式的变量分布在 B 网格(Arakawa and Lamb,1977)系统上。定义包含水平速度(u 和 v)的网格为 V 型场，包含温度和盐度等标量的网格为 T 型场。在垂直方向上，垂直速度和压力分布在网格元的上、下表面的中心，其他变量分布在网格元的中心。B 网格上能量守恒差分格式是曾庆存和张学洪(1987)设计的。该模式的水平分辨率为 $1.5° \times 1°$，垂直方向不等距分为 30 层，其中最上面 300 m 有 12 层，每层都是 25 m，这使温跃层内的分辨率大大提高。而最深层则到 5600 m。模式不考虑北冰洋，北边界在 65°N，南边界取到 68°S，这样仅北冰洋和一小部分边缘海未被模式包含，在南北边界上，取刚壁边界条件，温盐法向导数则取为 0。在该模式中略去了对大洋环流计算影响不大的部分内海和边缘海。模式地形场从美国海军海洋办公室(Naval Oceanographic Office)的 DBDB5(Digital Bathymetric Data Base 5 minute)的海洋深度资料中提取(http://www7320.nrlssc.navy.mil/DBDB2_WWW/)，DBDB5 的分辨率则为 $(1/12)° \times (1/12)°$。

模式的时间积分，对于正压模、斜压模和温盐过程，均采用蛙跃格式，但时间步长各有不同。每个月的第一步，采用欧拉前差格式启动。为增加时间步长，节省计算时间，保证计算稳定性，在积分过程中采用了 Asselin(1972)时间滤波技术，其具体形式为：

$$F_s = (1 - \alpha)F^n + \frac{\alpha}{2}(F^{n+1} + F^{n-1}) \tag{8.21}$$

其中 F_s 为平滑解，F 可以是正、斜压速度、海表高度、温度和盐度等。在完成滤波之后，F^n，F^{n-1} 分别被重新置为 F^{n+1} 和 F_s。

模式积分中正、斜压分离技术的应用，使得斜压模的积分免受表面重力波的影响，可采用较大的时间步长。在斜压模内部,温盐过程又被从动量过程中分离出来。这样,模式的积分过程包括以下三个组成部分:正压过程,用小的时间步长,预报海表高度 z_0、垂直平均的水平速度 $\bar{u}$ 和 $\bar{v}$;斜压过程,预报总的速度 u 和 v;斜压过程的温盐计算,预报位温和盐度。而这三种时间步长之间的关系是:一个温盐步中,完成 N_C 个斜压步积分;一个斜压步中,完成 N_B 个正压步积分。令正压步、斜压步、温盐步的时间步长分别为 Δt_B,Δt_C 和 Δt_{TS},则三者之间有以下关系:$\Delta t_C = N_B \cdot \Delta t_B$ 及 $\Delta t_{TS} = N_C \cdot \Delta t_C$。在该 OGCM1 模式中上述三者相应的积分时间步长分别为 2 分钟、2 小时和 4 小时。模式 OGCM1 中,水平黏性系数在南北纬 10° 之间取 0.5×10^4 m^2/s,其余海域取 $2 \times 10^4 m^2/s$。

对 NPGO 现象进行数值模拟,首先要得到 OGCM1 模式的稳定状态,这里直接采用王力群(2009)算得的稳定状态。他采用双线性插值方法,将 L30T63 OGCM 的气候态强迫场 (1.875°×1.875° 网格),即表面气温、气压、混合比、风应力、总云量和太阳短波辐射等,插值到 OGCM1 的气候态强迫场(1.5°×1° 网格),模式初始的温盐场则取 Levitus 气候平均温盐资料 (*Levitus and Boyer*,1994;*Levitus et al.*,1994)。然后从静止状态开始积分至 1000 年结束,得到模式稳定性调整后的结果。他将该结果与 SODA 海洋同化资料的气候平均值做了比较分析后,认为此时 OGCM1 模式已达到稳定状态。本章的数值模拟和第 9 章的数值试验均在该稳定状态的基础上进行。

在对 NPGO 的数值模拟中,模式的强迫场包括纬向风速、经向风速、表面风速、海平面气压、表面气温、相对湿度、净短波辐射和总云量等,其中通过纬向风速、经向风速、海平面气压和表面气温可分别计算得到纬向风应力和经向风应力;通过海平面气压、表面气温和相对湿度可得到饱和水汽压;而模式初始的温盐场则使用 Levitus 气候平均温盐资料,在本章和第 9 章的数值实验中,初始温盐场均照此选取,不再赘述。

本章和第 9 章采用以上生成的稳定调整后的海洋模式,在加进强迫场后,来进行数值模拟(控制试验)、气候数值模拟(气候控制试验)、敏感性试验,以及气候敏感性试验。在控制试验和敏感性试验中强迫场采用各年 12 个月的理想(假想)或实际的物理量,并积分至指定年数(强迫场的年数与积分年数要相等)。在气候控制试验和气候敏感性试验中,强迫场则采用根据需要构造的一年 12 个月的气候平均值,这样生成的强迫场只有季节变化而无年际、年代际变化。这两种情况在该模式中可用开关 EXP 和 CLM 来控制。当进行控制试验时,打开 EXP,模式需使用具有年变化的强迫场;当进行气候控制试验时,则打开 CLM,模式需使用仅具有季节变化的强迫场。

在本章的数值模拟(控制试验)中,取 1948—2006 年的 NCEP/NCAR 的月平均资料作为大气强迫场,积分 59 年;并取后 49 年的输出结果作为 1958—2006 年实际大洋状态的模拟场,而前 10 年的结果则舍弃不用。为方便,在本章和下章中,还将 SODA 资料称之为实况场。该大洋模式将第一层(水深 12.5 m)作为海表层,本章针对模式输出场中的海表温度(SST)、海表高度、表层经向流速和纬向流速等几个物理量,将大洋模式第一层 1 月和 7 月的气候平均值与 SODA 第一层(水深 7.5 m)的相应月份气候平均值做比较分析。同时本章还对北太平洋海域模拟的冬季海表温度距平场(SSTA)进行 EOF 分析及小波分析,这里 SSTA 场由每年冬季 SST 场减去相应的多年冬季气候平均场得到;在与实况比较后,以探讨模拟场中 NPGO 是否存在。在本章中,北太平洋海域都指(24°—62°N,110°E—110°W)区域,而冬季则指 1、2 和 3 月的平均。

8.3　海表环境模拟结果

8.3.1　月平均 SST

图 8.1(a,b)分别为多年 1,7 月平均 SST 实况场,图 8.1(c,d)为相应的模拟场。由图可见,1 月份和 7 月份的模拟场与实况场形态一致。在中纬度北太平洋上,均有等温线密集带,但在高纬地区模拟值要略小。在热带地区,模拟的西太平洋海区 1 月份和 7 月份 SST 都在 28℃以上,较好地模拟出了西太平洋暖池;但在印度尼西亚沿岸的最大 SST 超过了 30℃,这与实况值有差异,且模拟的暖池区范围也相对较小;模拟的东太平洋海区 1 月份 24℃等温线的范围比实况略大,7 月份的模拟形势相差不大,但模拟的东太平洋 SST 偏高。

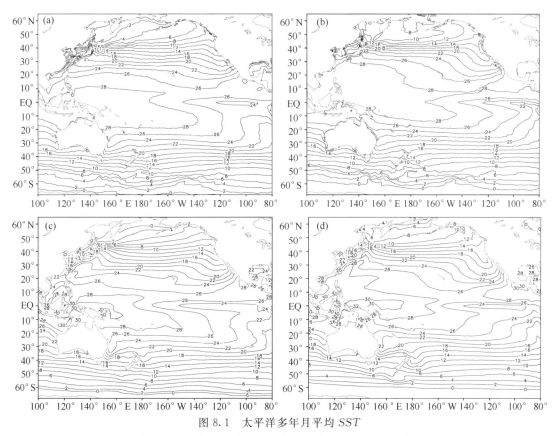

图 8.1　太平洋多年月平均 SST

(a),(b):1,7 月份实况场;(c),(d):1,7 月份模拟场. 单位:℃

8.3.2　月平均海表高度

图 8.2a,b 分别给出了多年 1,7 月月平均海表高度实况场,图 8.2c,d 为相应的模拟场。由该图可见,模拟场与实况场的分布形势基本一致,热带及副热带洋面为高水位,最高水位（0.8 m 以上）出现在西太平洋的黑潮附近,高纬洋面为低水位,最低水位（-1.2 m 以下）出现在南太平洋海域,但模拟的海表高度绝对值总体偏低。在北太平洋高纬海区,日本海北部至鄂

霍次克海和白令海至阿拉斯加湾的负水位区则模拟得不够好。在黑潮区,模拟与实况则较为接近。

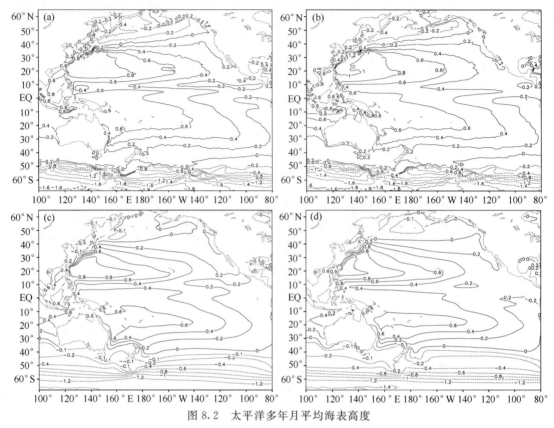

图 8.2　太平洋多年月平均海表高度

(a),(b):1,7 月份实况场;(c),(d):1,7 月份模拟场. 单位:m

8.3.3　月平均表层流场

图 8.3 和图 8.4 分别给出了多年 1,7 月月平均经向流速和纬向流速的模拟场和实况场。由图可见,模拟场和实况场的总态势分布相近;但中高纬的经向和纬向流速模拟值均较实况偏小,且纬向流速的大值中心模拟得也不太好;在北太平洋赤道海域模拟的纬向流速较实况偏小,经向流速模拟效果则要更好些。

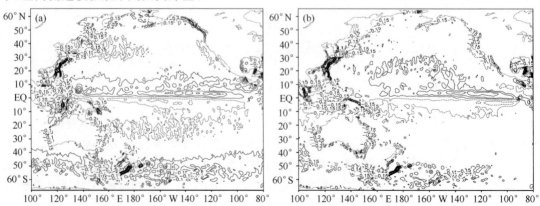

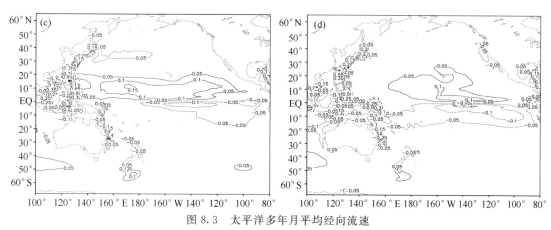

图 8.3　太平洋多年月平均经向流速

(a)，(b)：1,7 月份实况场；(c)，(d)：1,7 月份模拟场. 单位：m/s

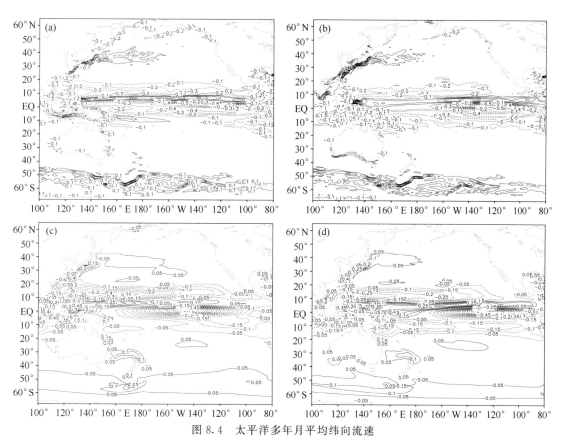

图 8.4　太平洋多年月平均纬向流速

(a)，(b)：1,7 月份实况场；(c)，(d)：1,7 月份模拟场. 单位：m/s

以上给出了控制试验中海表温度、海表面高度、表层经向流速和纬向流速在 1,7 月的多年气候月平均场,并与相应的实况场做了比较。总体而言,模拟场与实况场的形势分布一致,尤其对表层海温场和海表高度场模拟效果更好。

8.4　冬季北太平洋环流振荡模态模拟结果

8.4.1　SST 的 NPGO 模态

　　下面以北太平洋海域的冬季 SST 作为研究对象,对模拟的 SSTA 进行 EOF 分析及小波分析,并与相应实况场的结果进行分析比较,以揭示冬季模拟海温场中 NPGO 模态的存在性。

　　图 8.5 和图 8.6 分别给出了 SSTA EOF 分析的第一、二模态的时间系数和空间场,其中 a,b 为实况,c,d 为模拟。由图可见:第一模态模拟的时间系数的正值大小与实况很接近,最大的负值(绝对值)比实况略小;第二模态模拟时间系数的绝对值则比实况略大;第一、二模态模拟的时间系数变化趋势均与实况一致,模拟的时间系数曲线上各个峰、谷点也与实况对应得较好;模拟与实况两者的相关系数两模态分别高达 0.96 和 0.94。第一、二模态模拟的空间场与实况场也一致。模拟的第一模态空间场在北太平洋中部(25°—48°N,140°E—145°W)表现为一个负的椭圆形大值区,中心位于(30°—40°N,180°—155°W)范围中;而北美沿岸则为正值带,但中心值比实况略大;模拟的第一模态空间场与经典 PDO 模态的暖位相类似。模拟的第二模态空间场在中高纬表现为南负北正的双带系统,其上的大值中心构成偶极子分布,负值中心位于(24°—32°N,170°E—165°W)范围中,正值中心位于(40°—45°N,160°W —150°W)范围内,负值中心强度比实况略大,而正负值零线则位于 37°N 附近,比实况略偏北两个纬度;这里模拟的第二模态空间场则类似于经典 NPGO 模态的冷位相。

　　图 8.7 为上述 EOF 分析第一、二模态时间系数的小波全谱,其中 a,b 为实况值,c,d 为模拟值。由图可见,模拟的小波全谱分别较好地表现了实况第一、二模态的准 22 年和准 13 年的年代际变化,不过第二模态中实况 8 年的年际变化在模拟中则有些偏大。

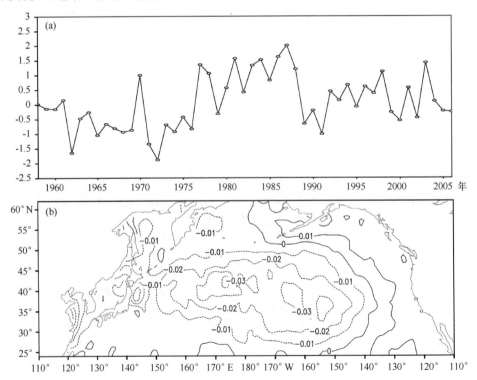

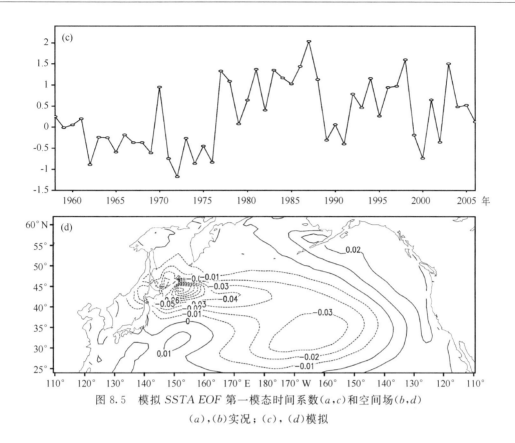

图 8.5　模拟 $SSTA$ EOF 第一模态时间系数 (a,c) 和空间场 (b,d)

(a)，(b) 实况；(c)，(d) 模拟

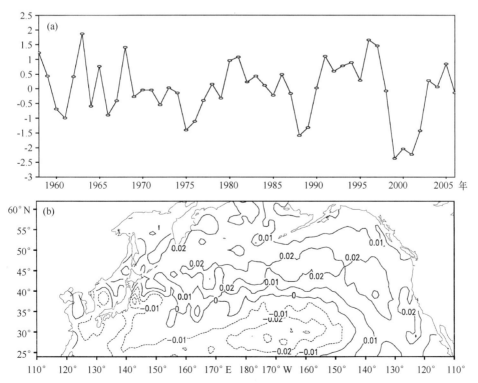

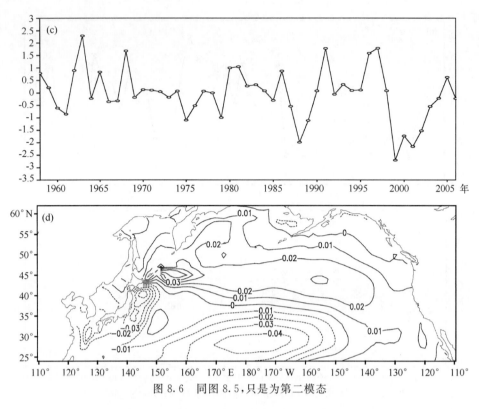

图 8.6　同图 8.5,只是为第二模态

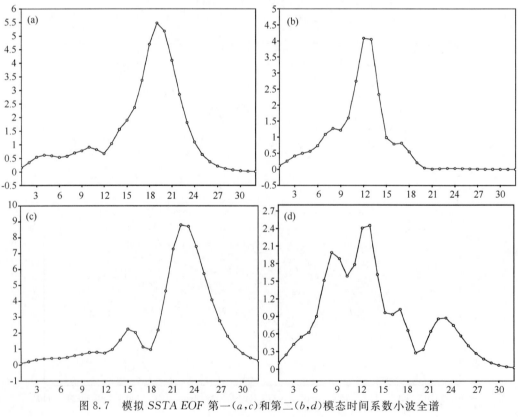

图 8.7　模拟 $SSTA\,EOF$ 第一(a,c)和第二(b,d)模态时间系数小波全谱

$(a),(b)$实况；$(c),(d)$模拟

8.4.2　表层流场的 NPGO 模态

下面以北太平洋海域的冬季表层流场作为研究对象,来揭示模拟流场中 NPGO 流场模的存在性。在此对模拟的表层流场异常进行 EOF 分解及小波分析,其中流场异常的计算方法同上节。流场虽然是向量,不过在第 4、5 章进行 CEOF 分解时发现,其第一、二模态辐角的分布仅有两个状态;这意味着,此时对流场的纬向流和经向流进行联合实 EOF 分解,取其第一、二模态来代之以流场 CEOF 分解的第一、二模态是可行的(因实 EOF 分解较 CEOF 方便;注意:当流场辐角有三个及以上状态时,不能用＋、－号概括,故必须用 CEOF 分解)。

图 8.8 和图 8.9 分别给出了表层流场 EOF 分析第一、二模态的时间系数和空间场。由图可见:第一、二模态模拟的时间系数变化趋势均与第 5 章中 PDO,NPGO 流场模的实时间系数较为一致,模拟的时间系数曲线上各个峰、谷点也与其对应得较好。第一、二模态模拟的空间场与 PDO,NPGO 流场模的也基本一致。模拟的第一模态流场异常在北太平洋中东部表现为海盆尺度的辐散场,并略带气旋式旋转;在接近大洋西海岸的日本本州岛以东海域则有气旋涡旋。第二模态流场异常在中高纬度为海盆尺度的反气旋式大洋环流,中纬度为海盆尺度的气旋式大洋环流;两者交界的 $40°N$ 附近的北太平洋中西部则为西向流;在日本本州岛和堪察加半岛两处的东南方海域则分别有气旋涡旋和反气旋曲率。

图 8.10 为上述 EOF 分析第一、第二模态时间系数的小波全谱。由图可见,模拟的第一、第二模态的小波全谱分别表现出了准 22 年和准 13 年的年代际变化,这分别与 PDO,NPGO 的年代际变化相同。

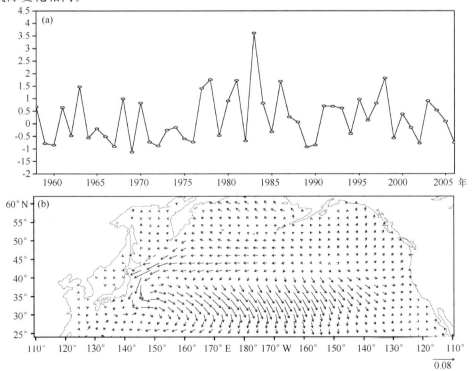

图 8.8　模拟表层流场 EOF 第一模态时间系数(a)和空间场(b)

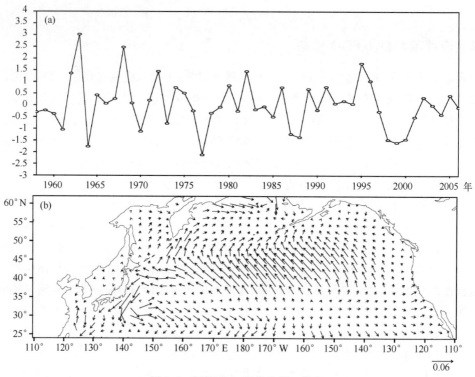

图 8.9　同图 8.8,只是为第二模态

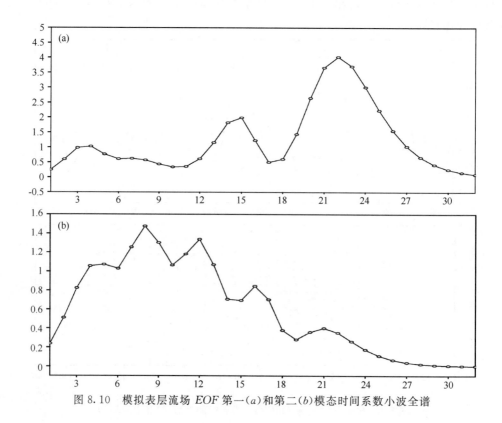

图 8.10　模拟表层流场 EOF 第一(a)和第二(b)模态时间系数小波全谱

为了揭示模拟第一、第二模态表层流场异常与 $PDO,NPGO$ 模态的关系,利用实况 $SSTA$ 场与模拟表层流场 EOF 第一、第二模态时间系数求回归,得到回归系数场(图 8.11)。由图可见,与第一模态时间系数得到的回归系数场分布表现为,在北太平洋中部存在一个椭圆形的负值区,北美西岸为正值区,类似于经典 PDO 模态的暖位相(参见图 3.1a);与第二模态实时间系数得到的回归系数场分布表现为,在北太平洋中高纬为正值带,在其以南的副热带海域则为负值带,类似于经典 $NPGO$ 模态的冷位相(参见图 3.1b,不过该图是暖位相)。由此可见,模拟的北太平洋表层流场第一、第二模态时间系数的回归系数场,与经典的 $SSTA$ 的 PDO 和 $NPGO$ 模态的空间分布态势非常类似,即表层流场的第一、二模态分别相应于 $PDO,NPGO$ 的流场模。

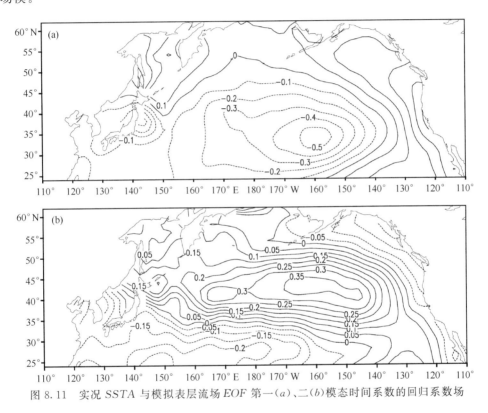

图 8.11　实况 $SSTA$ 与模拟表层流场 EOF 第一(a)、二(b)模态时间系数的回归系数场

以上结果表明,大洋环流模式对 SST 场和表层流场第一、第二模态的时间系数与空间场的模拟结果较好,第二模态能重现 $NPGO$ 以及其流场模的空间特征和时间演变,这说明该模式对 $NPGO$ 的模拟是成功的。

8.5　气候控制试验

将大气实况场中的各物理量进行 59 年(1948—2006 年)的气候平均,将各月的气候月平均场作为大气强迫场,称之为气候态强迫场,进行 59 年的积分,称之为气候控制试验。此时每年的强迫均相同,也即强迫场只有季节变化,而无年际、年代际变化。

气候控制试验中 SST、海表高度、经向流速及纬向流速的在 1,7 月的模拟与控制试验的结果较为一致，这里不再赘述，并请参见图 8.1—8.4。

　　将气候控制试验得到的每年冬季平均 SST 减去相应的 59 年冬季平均场得到气候控制试验中的 SSTA，然后再对北太平洋海域进行 EOF 分析及小波分析。

　　图 8.12 分别为气候控制试验中 SSTA EOF 分析第一、第二模态的时间系数和空间场。由图可见，在一定时间后，第一、第二模态的时间系数变化非常小。第一模态的空间结构在北太平洋西部表现出一个正的椭圆形大值中心，而经典 PDO 模态的空间结构则为在北太平洋中部表现为一个大值中心，故两者虽有相似之处，但差异仍较明显；第二模态仅在北太平洋西岸表现为一个正值带，NPGO 模态的双带系统和偶极特征均未出现，这表明该模态与经典 NPGO 模态差异十分显著。

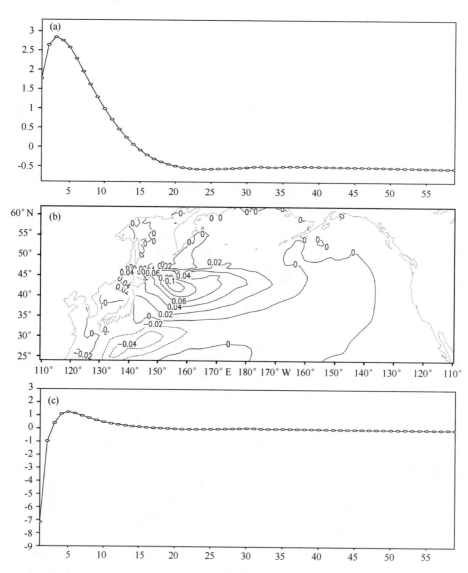

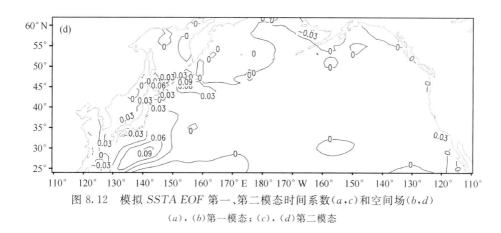

图 8.12　模拟 $SSTA\ EOF$ 第一、第二模态时间系数 (a,c) 和空间场 (b,d)

$(a),(b)$ 第一模态；$(c),(d)$ 第二模态

在气候控制试验中，第一模态空间场与经典 PDO 模态有些相似的原因可能是，59 年平均后构建的气候强迫场，时间尺度较短，仅约为 PDO 周期的 3 倍，故该平均并不能完全滤去强迫场中的 PDO 信号。为证实该点，对 18 个月高斯滤波后的 1950—2008 年 59 年的 PDO 指数和 $NPGO$ 指数求平均，其平均值分别为－61.77 和 10.57；由此可知其中 PDO 信号要较 $NPGO$ 信号强，这是因 $NPGO$ 的年代际变化周期约为 13 年，比 PDO 短，故其平均值也低。

然而，对上述第一、第二模态的时间系数进行小波分析后发现(图 8.13a,b)，第一模态仍存在准 20 年的周期，而第二模态也存在准 13 年的周期，这可能也是强迫场中仍包含部分 PDO 及 $NPGO$ 信号所致，而从其时间系数知，该信号主要包含在时间系数的前 10 年中。于是，我们再对后 40 年的时间系数进行小波分析(图 8.13c,d)，结果显示，此时第一、二模态中均只存在约 18 年的年代际变化，而第二模态中的准 13 年周期已不再出现。

为进一步讨论该问题，仅使用 59 年的气候平均的 1 月份作为强迫场驱动稳定调整后的该模式，积分 59 年，注意此时该强迫场不具有季节变化。对该试验结果进行 EOF 分析及小波分析后(图 8.13e,f)，发现第一、第二模态也均只有准 22 年的年代际变化，第二模态中同样没有准 13 年的变化。该结果说明，20 年左右的年代际变化可能与海洋自身在太平洋海盆中的固有极低频振荡频率有关。

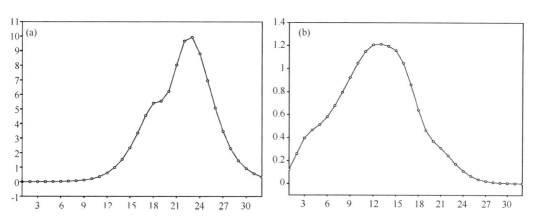

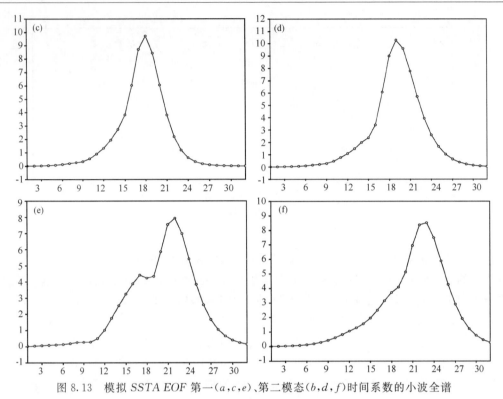

图 8.13　模拟 *SSTA EOF* 第一(a,c,e)、第二模态(b,d,f)时间系数的小波全谱

(a)，(b)：气候控制试验；(c)，(d)：气候控制试验中后 40 年的时间系数；(e)，(f)：新气候控制试验

以上结果表明，大气外强迫对海洋的影响很大，其是造成 *NPGO* 现象的直接原因，这也与第 6 章中采用解析方法研究海洋对风应力强迫的响应相一致。

在气候控制试验中发现，输出第 10 年的冬季北太平洋 *SST* 场与输出第 20 年的场相关系数两者可达 0.9995；由图 8.12a,c 还可见，积分 10 年后，第一模态时间系数已降至 1 以下，第二模态更降至 0.5 以下，以后改变都不太大；以上事实则均表明，输出结果在积分约 10 年后可达到基本稳定；因计算资源紧张，故在下章的气候敏感性试验中，若不特别声明，通常只积分 10 年。

8.6　本章小结

本章首先介绍了大洋环流模式 OGCM1；然后采用实际大气场构成强迫场，对海洋状况做了数值模拟试验，该试验称作控制试验；同时，还用大气月平均气候态构成强迫场，做了气候控制试验；最后，对以上试验输出场中的北太平洋冬季 *SSTA* 和表层流场进行了 *EOF* 和小波分析。得到了以下主要结论：

（1）数值模拟得到的 *SST*、海表高度、经向流速及纬向流速与实场的分布态势相一致，*SST* 和海表高度场的模拟结果则更好，这说明该模式的模拟是成功的。

（2）对数值模拟的冬季北太平洋 *SSTA* 和表层流场异常进行 *EOF* 分解及小波分析，结果表明其第一、二模态的空间场和时间系数与实况基本一致，分别类似于经典的 *PDO*,*NPGO* 模态和 *PDO*,*NPGO* 模态的流场模。

（3）用实况大气场构建强迫场，则该大洋环流模式的模拟结果（控制试验）能较好地重现 *NPGO* 模态；这说明用该模式模拟 *NPGO* 是成功的。

第 9 章　大气强迫北太平洋环流振荡模态的数值试验

上章介绍了大洋环流模式 OGCM 1，及该模式对海洋中北太平洋环流振荡模态的模拟结果，表明该模式能较好地模拟海洋中 NPGO 模态的时空特征，其模拟结果可作为控制试验。本章采用该数值模式，在第 8 章控制试验和气候控制试验的基础上，进行敏感性试验，主要探讨海洋对大气强迫的响应和海洋中 NPGO 模态形成的直接原因。

9.1　气候敏感性试验

9.1.1　试验方案

图 9.1 为进行 18 个月高斯滤波后的 1950—2008 年间的 NPGO 指数和 PDO 指数。将滤波后 NPGO 指数超过 +1 的年份定义为 NPGO 的正强年；反之，NPGO 指数低于 −1 的年份则定义为 NPGO 的负强年。同理，利用 PDO 指数分别定义其正强年和负强年。由此可知，NPGO 的正强年为 1953，1961，1975，1976，1977，1988，1989，1999 到 2003 年，共 12 年；而 PDO 的正强年为 1983，1984，1986 到 1988，1993，1994，1997，1998 和 2003 年，共 10 年。为了揭示在 NPGO 及 PDO 正强年期间，海洋对大气强迫的响应特征，将各 NPGO 和 PDO 正强年的各月大气强迫场分别做合成后，得到各月的气候正强年月平均大气强迫场，用于进行气候敏感性试验，并记为 EXP1（NPGO 气候正强年强迫）和 EXP2（PDO 气候正强年强迫）。这两个试验的强迫场只存在季节变化，且均只积分 10 年。

本章在此只分析 EXP1 和 EXP2 中的 SST 场和表层流场。具体做法是，求取上述气候敏感性试验中与上章气候控制试验中 SST 场和表层流场的差值，即 SST 和表层流场的异常场，并分析该异常场的空间结构。本节和 9.2 节在气候敏感性试验中各物理量的异常场均指其在各气候敏感性试验中与气候控制试验中两者的差值场。

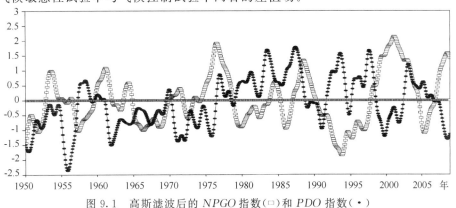

图 9.1　高斯滤波后的 NPGO 指数（□）和 PDO 指数（·）

9.1.2　试验结果

图 9.2a,9.2b 分别给出了 $EXP1$ 和 $EXP2$ 的 SST 异常场的空间结构。由该图可见,其空间结构分别与上章控制试验海表温度距平场($SSTA$)EOF 分析的第一模态(图 8.5d)和第二模态(图 8.6d)的空间场基本一致。$EXP1$ 表现为:在北太平洋有南负北正的双带系统,0 线位于 $42°N$ 附近,比控制试验(图 8.6d)要略偏北;双带系统中的大值中心也构成南负北正的偶极子,这些均与典型 $NPGO$ 模态的冷位相类似。$EXP2$ 表现为:在北太平洋中部为一个正的椭圆形大值区,北美沿岸为负值带,其是控制试验 $SSTA$ EOF 分析第一模态空间结构的反位相,并与典型 PDO 模态的冷位相类似。

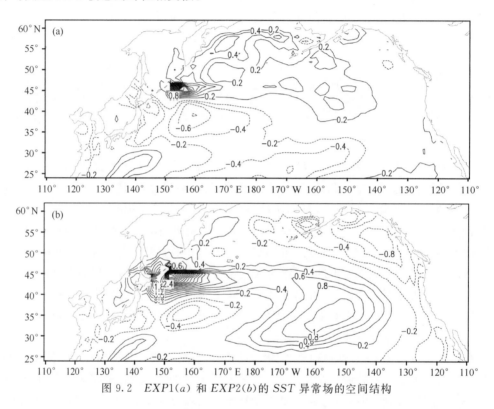

图 9.2　$EXP1(a)$ 和 $EXP2(b)$ 的 SST 异常场的空间结构

图 9.3a,9.3b 分别给出了 $EXP1$ 和 $EXP2$ 表层流场异常场的空间结构。由该图可见,其空间结构分别与第 8 章控制试验表层流场 EOF 分析的第二模态(图 8.9b)和第一模态(图 8.8b)空间场的分布态势大体一致。$EXP1$ 表现为:流场异常在中高纬度为海盆尺度的反气旋性大洋流,中纬度则为海盆尺度的气旋性大洋环流;在日本本州岛和堪察加半岛两处的东南方海域则分别有气旋涡旋和反气旋曲率。$EXP2$ 表现为:大洋环流异常在北太平洋中东部表现为海盆尺度的辐合场,并略带反气旋式旋转;在接近大洋西海岸的日本本州岛北端以东海域则有反气旋涡旋;$EXP2$ 的流场异常大体是控制试验流场异常 EOF 分析第一模态空间结构的反位相。

在第 4,5 章均表明,海洋上层海盆尺度大洋环流引起的垂直运动所导致的海温动力变化是造成 $NPGO$ 模态的重要原因,于是,这里对 $EXP1$ 中输出的近表层垂直速度进行分析,结果如图 9.4。由图可见,该垂直运动在中高纬北太平洋大体表现为海盆尺度的南部上升,北部下沉的态势,该态势将导致北太平洋出现南负北正的海盆尺度海温动力异常。该垂直速度异常的分布与图 9.2a 中 SST 异常场的分布形态比较一致;特别是在 $(45°N,150°E—165°E)$ 处,有垂直运动异常的强下沉带,该处对应着图 9.2a 中 SST 的强正异常带,且该处均是两图上异常最明显的地方。以上分析从数值试验的角度进一步说明了在海洋上层,由海盆尺度的大洋环流异常造成的垂直运动异常所引起的海盆尺度海温的动力异常,其在 NPGO 模态形成中起着重要作用。

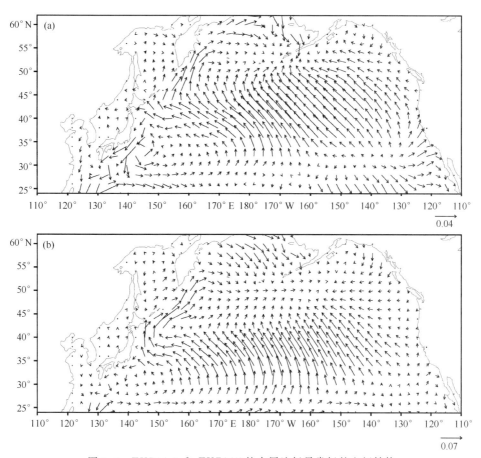

图 9.3 $EXP1(a)$ 和 $EXP2(b)$ 的表层流场异常场的空间结构

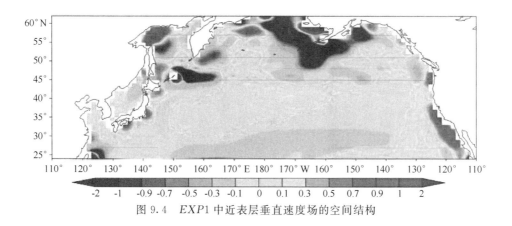

图 9.4 $EXP1$ 中近表层垂直速度场的空间结构

　　以上结果表明,使用 $NPGO(PDO)$ 气候正强年的大气强迫场来强迫该海洋模式,其 SST 和表层流场的异常场能较好地再现 $NPGO(PDO)$ 的空间场特征。这说明采用该大洋环流模式研究海洋对大气强迫的响应是可行的,且强迫场的改变分别对 $NPGO$、PDO 有非常明显的影响,也即海洋的响应强烈依赖于大气的强迫。该试验也可进一步证实前文的结论:大气强迫是造成 $NPGO$ 现象的直接原因,而海盆尺度大洋环流异常所造成的垂直运动次级环流则在 $NPGO$ 的形成中起着重要作用;而大洋环流异常则在大气强迫和海温异常之间扮演着重要的中介角色。

9.1.3　大气强迫场的空间结构

　　海洋对大气的响应强烈依赖于大气强迫异常,为此分析了 $EXP1$ 及 $EXP2$ 的大气强迫场中各物理量的空间结构特征。虽然 $NPGO$ 模态及 PDO 模态表现在北太平洋,但其形成与全球范围的大气强迫场有关,故这里主要分析($10°S—62°N$,$110°E—110°W$)范围内冬季强迫场的各物理量的异常,即纬向风应力、经向风应力、表面风速、海平面气压、表面气温、饱和水汽压、净短波辐射及总云量等的异常,其如图 $9.5(EXP1)$、图 $9.6(EXP2)$ 所示。

9.1.3.1　EXP1 的大气强迫场

　　由图 $9.5a—c$ 可见:纬向风应力异常在北太平洋高纬($55°—62°N$)表现为正异常大值区;在中纬度西风急流区($30°—52°N$)表现为大尺度的负异常,呈扁椭圆形带状分布,在($40°N$,$170°W$)有负值中心,在中低纬度则表现为相应的正异常,正值中心分别在($20°N$,$120°E$)和($20°N$,$135°W$)。经向风应力在北太平洋中高纬的东部表现为正异常,而在高纬和中低纬东部表现为负异常。表面风速在北太平洋中东部区域从高纬到中低纬表现为负值中心、正值中心和负值中心的波列状分布。从纬向风应力、经向风应力和表面风速的配置可见,其大值中心在北太平洋均呈现南北偶极子分布,这与 NPO 模态的空间结构类似。

　　由图 $9.5d—f$ 可见:海平面气压及表面气温的异常在北太平洋也存在南负北正的偶极子形态,正、负区的交界线在北太平洋中部大致位于 $35°—40°N$ 之间,这与大气 NPO 模态的空间结构类似。与该 NPO 模态相比,海平面气压南部的负值中心略有东偏;而对表面气温则其正值和负值中心均较弱。饱和水汽压在北太平洋主要为正异常,在($25°N$,$170°E$)有正异常中心。

　　由图 $9.5g—h$ 可见:净短波辐射和总云量的异常区域主要位于中低纬度到赤道地区,且两者呈反位相分布。净短波辐射在太平洋中部为负异常时,总云量在该区域则为正异常,反之亦然。

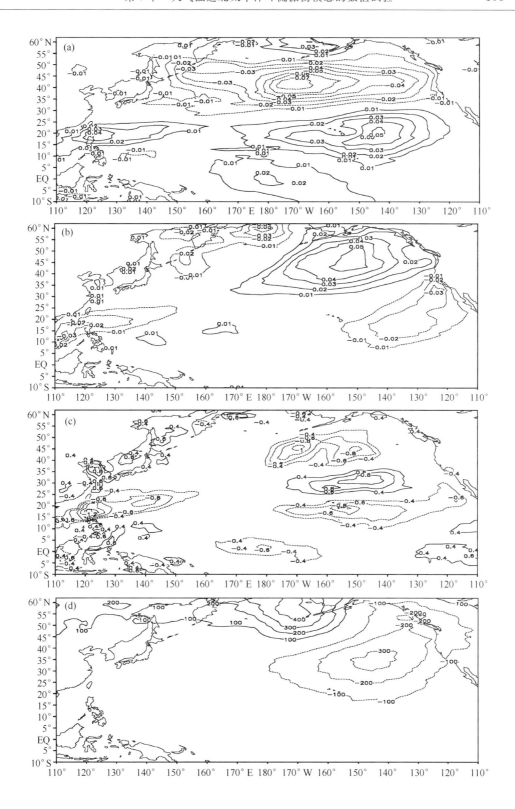

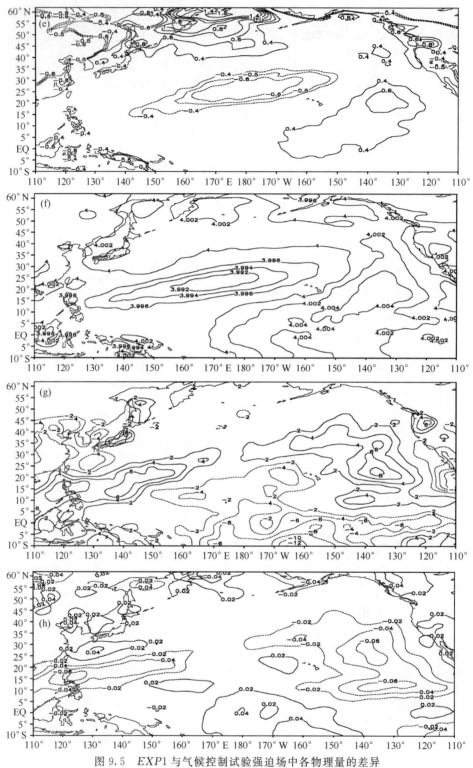

图 9.5　EXP1 与气候控制试验强迫场中各物理量的差异

(a)纬向风应力；(b)经向风应力；(c)表面风速；(d)海平面气压；

(e)表面气温；(f)饱和水汽压；(g)净短波辐射；(h)总云量

9.1.3.2　EXP2 的大气强迫场

图 $9.6a-h$ 给出了 $EXP2$ 的大气强迫场中各物理量异常。由图可见：纬向风应力的负异常主要集中在北太平洋中纬度地区，表现为海盆尺度的椭圆形大值区，其中心比 $EXP1$ 中的略有南移，这与第 3 章中对纬向风应力的分析结论一致；而在高纬度则表现为正异常。经向风应力在中高纬的北太平洋东部表现为正异常，而在高纬度表现为负异常，两者中心构成西北—东南向的偶极子形态。表面风速在 $25°N$ 以北表现为椭圆形分布的负异常区。从北太平洋上纬向风应力、经向风应力及表面风速的异常中心配置可以看出，在北太平洋上存在一个呈顺时针分布的风应力异常中心，中心位于 $(45°N,175°W)$，与 AL 模态的空间结构类似。海平面气压的正异常区在 $28°N$ 以北表现为海盆尺度的椭圆形分布，其中心位于 $(47°N,160°W)$，这类似于 AL 模态的空间结构。表面气温的正异常区在中高纬北太平洋呈扁椭圆形带状分布，其中心分别位于 $(53°N,148°E)$ 和 $(40°N,170°E)$，前者的异常很强，而在北美沿岸及赤道东部则为负值区，这与 AL 模态的空间结构也有些类似。饱和水汽压在北太平洋主要表现为正异常，在中纬的中太平洋存在正异常中心。净短波辐射和总云量的异常区域也主要分布在中低纬度，该处净短波辐射为负异常，总云量为正异常；与 $EXP1$ 中相同，两者呈负相关。

9.1.3.3　强迫场中各物理量的相对大小

以上分析了研究范围内 $NPGO,PDO$ 正强年大气强迫场，即 $EXP1,EXP2$ 中各物理量的异常，可见两者有较大差异，尤其是风应力场、表面风速、海表面气压及表面气温场。这进一步说明，海洋模态对大气强迫改变的响应是敏感的。对于 $NPGO$ 正强年，在北太平洋，风场、海平面气压和表面气温的异常中心均呈偶极子形态，这与 NPO 模态的空间结构有些类似。对于 PDO 正强年，风场在北太平洋存在一个顺时针旋转的大值中心，海平面气压和表面温度异常表现为海盆尺度的椭圆形分布，这与 AL 模态的空间结构有些类似。以上分析验证了第 3 章和第 5 章中的结果，即大气的 NPO 模态强迫了 $NPGO$ 模态，而大气的 AL 模态则强迫了 PDO 模态。以上对强迫场的分析还表明，不同物理量异常的大值区域分布不同；例如纬向风应力的异常主要集中在中高纬度，而总云量的异常则主要在中低纬度及热带；这说明大气强迫场中各物理量在不同纬度的不同分布对海洋的响应也有影响。

前面介绍了 $NPGO$ 和 PDO 气候正强年大气强迫场中各物理量异常场的空间分布特征，为比较各物理量间异常的大小，取北太平洋为研究区域，引入模式格点上各物理量相对异常值（简称相对异常），其计算公式为：

$$x_c = \frac{x - \overline{x}}{|\overline{x}|} \tag{9.1}$$

上式中 x_c 表示固定的格点上某物理量的相对异常值，其为无量纲量，反映了异常的相对大小，x 表示 $NPGO$ 或 PDO 正强年大气强迫物理量，$\overline{x}$ 表示气候态强迫场中相应物理量的值，$|\overline{x}| = (\sum |\overline{x}|)/N$，表示分析范围所有格点上 $\overline{x}$ 绝对值的总和再除以该范围内所有格点的数目 N；注意对各物理量，$|\overline{x}|$ 都为常数，故对某一物理量，其相对异常的分布态势与其绝对异常（参见图 9.5 和图 9.6）相同，仅两者大小不同。

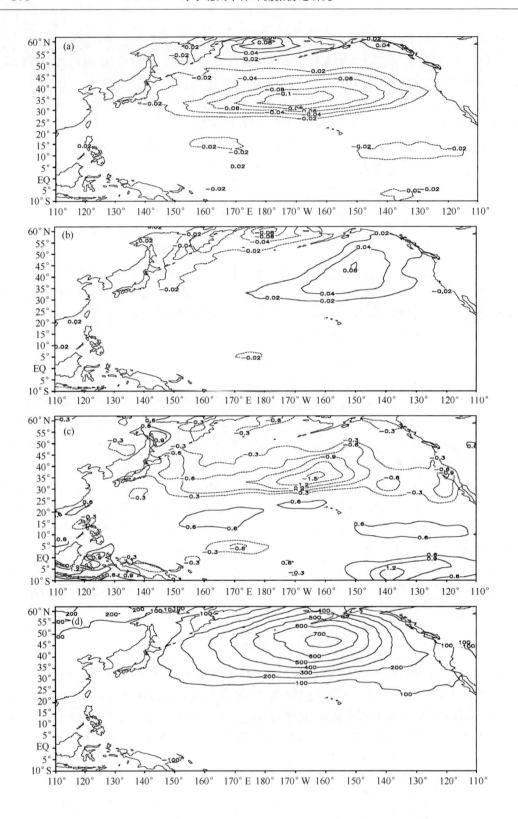

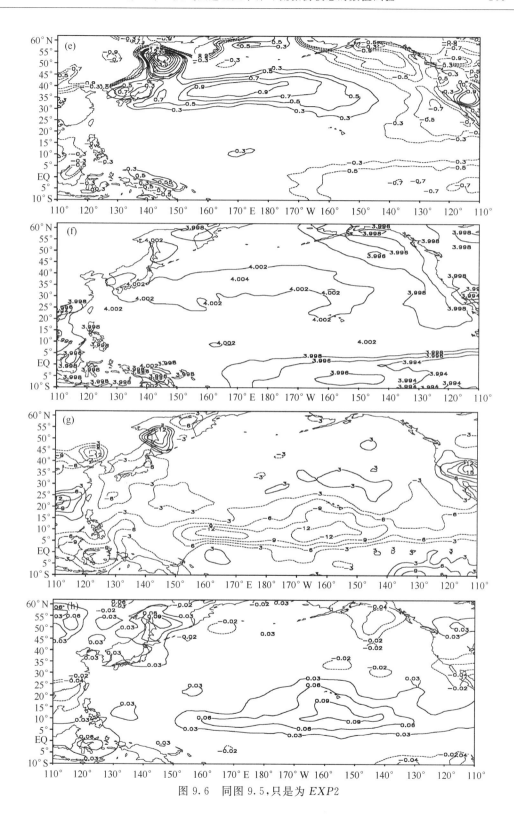

图 9.6 同图 9.5,只是为 *EXP2*

为客观分析 $EXP1$ 及 $EXP2$ 冬季强迫场中各物理量异常的相对大小,在北太平洋对各物理量计算相对异常后,再取绝对值求和,结果如表 9.1 所示。由表可见,$EXP1$ 和 $EXP2$ 各物理量相对异常绝对值之和的量级相同,数值也相近;在各物理量中,经向风应力和纬向风应力的相对异常为最大,表面风速次之,表面气温等又次之,而海表气压的相对异常最小,风应力的相对异常与海表气压相差 3 个量级。上述结果说明,相对于强迫场中的其他物理量,正 $NPGO$ 年及正 PDO 年的风应力场的相对异常量级最大,这也表明,对 $NPGO$ 现象,纬向风应力对海洋的强迫更重要。

表 9.1　北太平洋各物理量相对异常

	纬向风应力	经向风应力	表面风速	海表气压	表面气温	饱和水汽压	净短波辐射	总云量
$EXP1$	1457.3	1363.1	154.3	2.4	72.4	80.7	55.20	93.2
$EXP2$	1108.1	1302.7	162.1	3.80	52.3	81.2	67.4	100.1

为探讨强迫场中究竟何物理量对 $NPGO$ 模态的影响更显著,将对 $NPGO$ 正强年的强迫场进行不同配置后,再用其进行气候敏感性试验。

9.2　大气动力强迫和热力强迫的作用

大气强迫场中纬向风应力、经向风应力及表面风速的强迫属于动力强迫,海平面气压及表面气温属于热力强迫,饱和水汽压则由海平面气压及表面气温计算而得,而净短波辐射及总云量则亦属热力强迫范畴。对热力强迫,又将海平面气压、表面气温和饱和水汽压称为热通量强迫,而将净短波辐射和总云量称为其他热力强迫,简称其他强迫。动力强迫和其他强迫对热通量也有些影响,前者影响海水蒸发,后者影响表层海温,但这里对这些影响均不作考虑。为考察动力强迫、热通量强迫和其他强迫中各物理量对 $NPGO$ 模态的不同影响,分别设计了以下两组气候敏感性试验,这里各组试验也均只积分 10 年。

9.2.1　第一组试验

利用气候控制试验及 $EXP1$ 的强迫场,根据大气强迫的物理量种类,设计不同强迫的敏感性试验,用以检验动力强迫、热通量强迫和其他强迫过程对 $NPGO$ 的影响,具体方案见表 9.2,对大气强迫场,表中值取 0 表示使用 $EXP1$ 中的合成异常场,即 $NPGO$ 气候正强年的强迫场;取 1 则表示使用气候控制试验中的强迫场,即气候态强迫场。该组试验共有 3 个,分别称之为 $EXP3$,$EXP4$ 和 $EXP5$。

表 9.2　敏感性试验方案设计

	$EXP3$	$EXP4$	$EXP5$
纬向风应力	1	0	0
经向风应力	1	0	0
表面风速	1	0	0
海平面气压	0	1	0
表面气温	0	1	0
饱和水汽压	0	1	0
净短波辐射	0	0	1

总云量	0	0	1

　　同 9.1 节一样,对试验 $EXP3\sim5$ 输出的 SST 场求取其异常场,并分析该异常场的空间结构。图 $9.7a-c$ 分别为 $EXP3-5$ 的 SST 异常场的空间结构。由图可见:当风场动力强迫取气候态强迫场时($EXP3$),SST 异常场在北太平洋仍存在双带系统,其上有南负北正的偶极子,且异常中心强度较大。当热通量强迫取气候态强迫场时($EXP4$),西海岸处产生了一个负异常中心,北太平洋中部仍存在南负北正的偶极子结构,只是异常中心较弱。当净短波辐射及总云量为气候态时,异常场空间结构则与图 $9.2a$ 几乎全同。

　　随后,进一步计算了 $EXP3\sim5$ 中的 SST 异常场与 $EXP1$ 中的 SST 异常场的场相关系数,其值分别为 0.6447,0.7930 和 0.9974。由场相关系数的大小知:动力强迫对 $NPGO$ 模态的影响最大,其场相关系数在以上三者中最小,仅为 0.6447;热通量强迫对 $NPGO$ 模态的影响次之;其他强迫对 $NPGO$ 模态的影响很小,其场相关系数高达 0.9974。

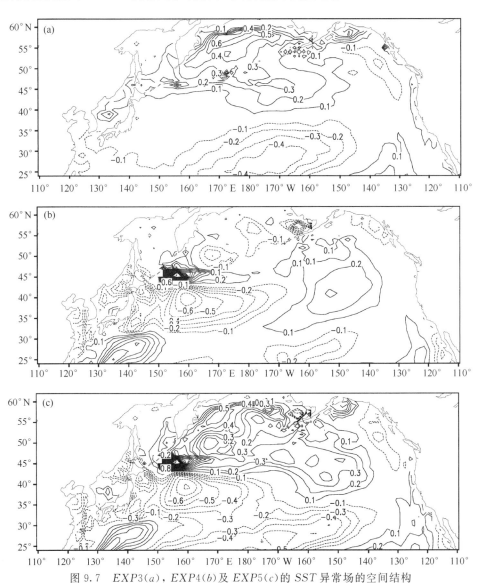

图 9.7　$EXP3(a)$,$EXP4(b)$ 及 $EXP5(c)$ 的 SST 异常场的空间结构

9.2.2 第二组试验

为进一步揭示强迫场中哪个物理量对 $NPGO$ 模态的影响更大,根据大气强迫场中的 6 个物理量,设计了 6 个敏感性试验。

分别改变强迫场中的 6 个物理量场,即纬向风应力、经向风应力、表面风速、海平面气压、表面气温及饱和水汽压,记为 $EXP6\sim11$。表 9.3 给出了六个气候敏感性试验的设计方案。在这些试验中净短波辐射和总云量因其几乎无影响,均取 $EXP1$ 中的合成异常场,故在表中不再列出。表中值取 0,1 的意义同以上第 1 组试验。

表 9.3 敏感性试验方案设计

	$EXP6$	$EXP7$	$EXP8$	$EXP9$	$EXP10$	$EXP11$
纬向风应力	1	0	0	0	0	0
经向风应力	0	1	0	0	0	0
表面风速	0	0	1	0	0	0
海平面气压	0	0	0	1	0	0
表面气温	0	0	0	0	1	0
饱和水汽压	0	0	0	0	0	1

同样,对试验 $EXP6\sim11$ 输出的 SST 场求取其异常场并进行分析。图 $9.8a\sim f$ 分别为 $EXP6\sim11$ 的 SST 异常场的空间结构。由该图可见,纬向风应力的改变使得西海岸处的负异常中心消失,北太平洋的双带系统及其上的偶极子仍存在;但改变海平面气压仅仅是低纬的负异常中心范围略有改变。

这里还计算了 $EXP6\sim11$ 中的 SST 异常场与 $EXP1$ 中的 SST 异常场的场相关系数,这些系数分别为 0.7600,0.9788,0.9602,0.9992,0.9653 和 0.9446。由场相关系数的大小可知:纬向风应力对 $NPGO$ 模态的影响最大,其场相关系数最小;饱和水汽压、表面风速及表面气温对 $NPGO$ 模态的影响次之;海平面气压对 $NPGO$ 模态的影响最小。注意,尽管单独纬向风应力对 $NPGO$ 模态的影响相对较大,但仍远不如整个风场的动力强迫作用大,因 $EXP3$ 与 $EXP1$ 的场相关系数为 0.6447,其值更小;不过单独的纬向风应力对 $NPGO$ 模态的影响则较热通量强迫要大,因前者的场相关系数为 0.7600,后者为 0.7930。以上事实表明,大气强迫场中的多个物理量必须协同作用,相互配合才能强迫得到海洋中的 $NPGO$ 模态。

众所周知,对于气候尺度的真实大气,因其具有准地转平衡、准静力平衡的性质,故动力强迫与热力强迫两者不是独立的;当存在动力强迫异常时,必然存在热力强迫的异常,反之亦然。由此可知,在以上做的一些敏感性试验中,有些在实际中是不会发生的,因其仅给出了动力或热力异常,而其他强迫则取正常。这些试验中的强迫场在实际上并不存在,根据这些试验得到的数据集与观测得到的数据集是不同的,故分析时要看到其局限性。

综上可知,$NPGO$ 现象是大气动力强迫和热通量强迫相互配合的结果,是海洋对这些强迫的直接响应。

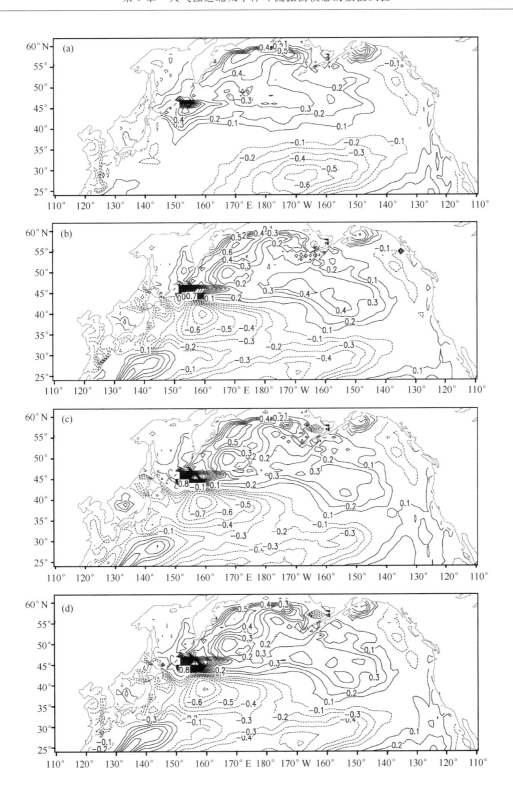

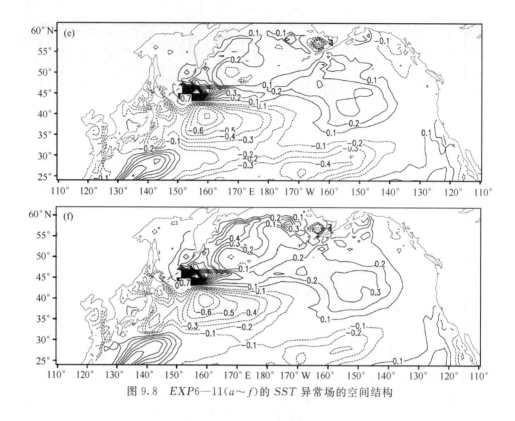

图 9.8　$EXP6—11(a\sim f)$ 的 SST 异常场的空间结构

9.3　大气强迫对北太平洋环流振荡年代际变化的影响

以上各节的气候敏感性试验中强迫场不存在年代际变化,故而不能讨论大气外强迫对 $NPGO$ 模态年代际变化的影响。于是,又设计了以下两个敏感性试验,记为 $EXP12$ 和 $EXP13$。注意,这里是敏感性试验,与以上各节中的气候敏感性试验的性质有所不同,此结果要与第 8 章的控制试验做比较。

在 $EXP12$ 中的大气强迫场为:动力强迫(纬向风应力、经向风应力和表面风速)取气候态强迫场,即取上章气候控制试验中相应物理量 1948—2006 年的各月平均场;气候态强迫场每年都相同,故其仅有季节变化,无年际和年代际变化;而热力强迫(表面气温、海平面气压、饱和水汽压、净短波辐射及总云量)则取 1948—2006 年的实况强迫场。将以上动力强迫场与热力强迫场组合,形成 $EXP12$ 的强迫场,这样突出了实况热力强迫对海洋年代际变化的影响,为便于与上章的控制试验作对比,模式积分 59 年,取其后 49 年进行分析。$EXP13$ 中则反之,即动力强迫取 1948—2006 年的实况强迫场,而热力强迫则取气候态强迫场,其他均同 $EXP12$,其突出了实况动力强迫对海洋年代际变化的影响。

以下对冬季北太平洋海域 $EXP12\sim13$ 中的 $SSTA$ 进行 EOF 分解和小波分析;在此 $SSTA$ 指的是,对模式输出的冬季 SST 场进行 49 年的平均,再用每年冬季 SST 场减去相应的气候平均场得到。图 9.9、图 9.10 分别给出了 $EXP12$ 及 $EXP13$ 中 $SSTA\ EOF$ 第一、二模态的空间场及其时间系数的小波全谱。

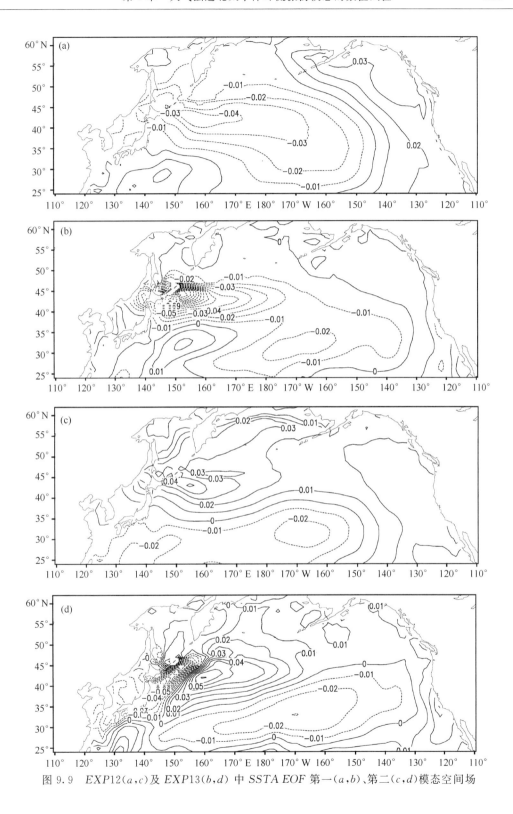

图 9.9　$EXP12(a,c)$ 及 $EXP13(b,d)$ 中 $SSTA$ EOF 第一 (a,b)、第二 (c,d) 模态空间场

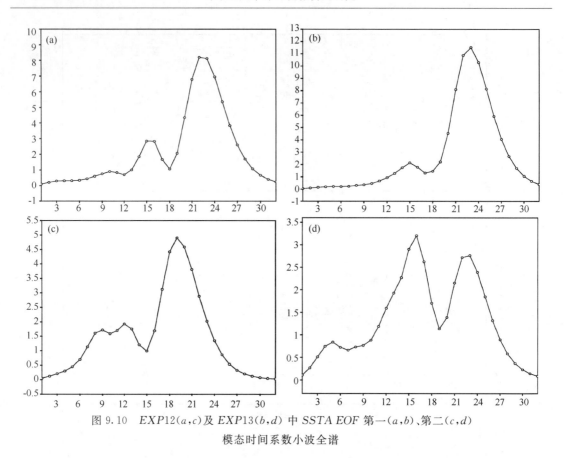

图 9.10　$EXP12(a,c)$ 及 $EXP13(b,d)$ 中 $SSTA\ EOF$ 第一(a,b)、第二(c,d)
模态时间系数小波全谱

　　试验 $EXP12$ 及 $EXP13$ 中第一模态的空间场与第 8 章控制试验相比较均改变不大,在北太平洋中部均有呈椭圆形分布的负异常区并有异常中心存在,差异仅仅表现在 $EXP13$ 中北太平洋西岸的负异常中心较强(参见图 $9.9a,b$)。

　　$EXP12$ 及 $EXP13$ 的第二模态在北太平洋北部的正异常中心位置均较上章控制试验第二模态明显偏西,南部的负中心位置都改变不大,只是 $EXP13$ 中在北太平洋西岸有较明显的负异常带(参见图 $9.9c,d$)。从整体上看,两个试验中仍都存在南负北正的偶极子形态。

　　以下对试验 $EXP12$ 及 $EXP13$ 中 $SSTA\ EOF$ 第一、第二模态的时间系数进行小波分析(参见图 9.10)。第一模态时间系数中均存在准 22 年的年代际变化周期。对于第二模态来说,$EXP12$ 也有准 20 年的年代际变化周期;而 $EXP13$ 中其时间系数的小波全谱则呈明显双峰分布,主峰的年代际变化周期为准 16 年,次峰则为准 22 年。

　　上面结果表明:相对于第一模态,大气外强迫场的改变对第二模态空间场和时间系数的影响更明显。就空间场而言,这尤其体现在该模态北部的正异常中心上。而动力强迫对该模态的影响则主要集中在北太平洋西海岸处,这也验证了 9.2.1 节中的结论。就时间系数而言,当只存在实况热力强迫时,则此时第二模态时间系数小波全谱中准 13 年的年代际变化不明显;当仅存在实况动力强迫时,则准 16 年的年代际变化周期成为主峰;该周期要较 $NPGO$ 模态准 13 年的年代际变化周期略长。这表明在实际海洋 $SSTA$ 的第二模态($NPGO$ 模态)中,准 13 年的年代际周期主要是由大气的动力强迫造成的;而 $NPGO$ 现象是海洋对大气各物理量综合强迫的直接响应。

9.4　本章小结

本章使用大洋环流模式,通过敏感性试验,研究了海洋对大气强迫的响应和 NPGO 模态形成的直接原因,得到以下主要结论:

(1)使用 NPGO,PDO 模态气候正强年的合成强迫场强迫海洋模式,能再现 NPGO,PDO 模态的空间场特征。

(2)在 NPGO,PDO 模态正强年,风场、海平面气压和表面气温的异常场分别与 NPO,AL 模态的空间结构类似;这再次验证了 NPGO,PDO 模态分别是大气 NPO,AL 模态强迫海洋的直接结果。

(3)风场动力强迫对 NPGO 模态的影响最大,热通量强迫次之;前者的作用主要体现在北太平洋西海岸处,而后者则在该大洋中部。

(4)大气强迫的改变对 SSTA EOF 第二模态的影响更明显,NPGO 模态准 13 年的年代际周期主要由大气动力强迫所造成。

(5)纬向风应力对 NPGO 模态的影响最大,大气强迫场中的各物理量必须共同作用,相互配合才能强迫得到海洋中的 NPGO 模态,NPGO 现象是海洋对大气各物理量综合强迫的直接响应。

第 10 章　北太平洋海面温度异常优势模态的迁移

研究发现,自 1993 年以来,*NPGO* 的强度正在逐渐加强,近十年内 *NPGO* 的振幅大于 *PDO*(*Cummins and Freeland*,2007)。此外,空间结构的改变是另外一个值得关注的问题。如 20 世纪 80 年代末北太平洋气候模态的变化并不是 *PDO* 信号的简单反转(*Hare and Mantua*,2000),其空间结构也发生了改变。在 20 世纪 90 年代后期,北太平洋 *SSTA* 的空间结构也与 *PDO* 模态有着明显不同(*Bond et al.*,2003)。这意味着,冬季北太平洋的优势气候模态正在发生变化。从前面各章诊断结果和第 9 章的数值试验中可知,近年来 *NPGO* 模态在北太平洋 *SSTA* 中表现越来越明显。于是本章从流的观点出发(曾庆存等,2005),分析冬季北太平洋 *SSTA* 优势模态的转换,探讨其空间结构发生迁移的时间,以及与大气强迫模态的关系。

10.1　资料和方法

10.1.1　所用资料

研究使用的月平均 *SST* 资料来自于美国国家气候数据中心(*NCDC*)的 *ERSST.v3*,资料空间分辨率为 2°×2°。月平均 *SLP* 资料来自于 *NCEP/NCAR*,资料空间分辨率为 2.5°×2.5°。为滤去全球变暖背景对研究结果的影响,分别对 *SST* 和 *SLP* 进行了去线性趋势处理。同时,本章还使用了 *PDO* 指数和 *NPGO* 指数,具体介绍见第 3 章 3.1 节和第 2 章 2.1 节。以上资料的时间范围均为 1950 年 1 月至 2008 年 12 月,共计 708 个月。为研究冬季北太平洋 *SSTA* 优势模态的转换,在这里定义 1,2 和 3 月的平均 *SST* 代表当年冬季的 *SST*,前一年 12 月和当年 1,2 月的平均 *SLP* 代表当年冬季的 *SLP*。研究范围为(24°—62°N,110°E—110°W)的北太平洋地区。

10.1.2　采用方法

为讨论冬季北太平洋 *SSTA* 和 *SLPA* 优势模态的转换,除使用了 *EOF* 分解和小波分析等方法外,还引入了标准化变差度和场相似度,具体方法介绍如下。

一个空间点 M(θ,λ,z)的函数随时间 t 的变化,在数学上称为"流"(*flow*)。取给定的垂直坐标,将球面上的区域记为 S,即((θ,λ)∈S),这里 θ 为余纬,λ 为经度;记时刻 t_1 和 t_2 的变量为 $F_1 \equiv F(\theta,\lambda,z,t_1)$ 和 $F_2 \equiv F(\theta,\lambda,z,t_2)$。此时可引入内积$(F_1,F_2)$和范数$\|F\|$,并分别定义为:

$$(F_1,F_2) = \frac{1}{S}\iint\limits_{S} F_1 \cdot F_2 dS \tag{10.1}$$

$$\| F \| = (F,F)^{\frac{1}{2}} \tag{10.2}$$

这样就可根据以上内积和范数引入流的标准化变差度和场相似度。

设 F_1，F_2 不恒为 0，则 t 时刻流的标准化变差度（以下简称场变差度）为：

$$d^2(t) \equiv \frac{\| F_1 - F_2 \|^2}{\| F_1 \|^2 + \| F_2 \|^2} \tag{10.3}$$

其中时刻 $t \equiv (t_1+t_2)/2$（即 $[t_1,t_2]$ 时段的中点）。当然，d^2 也依赖于区域 S。场变差度可度量变量 F 的泛函值随时间变化的快慢。容易证明 $0 \leqslant d^2 \leqslant 2$。若 $d^2=0$，则 $F_1=F_2$，F 无变化；若 $d^2>0$，则表明 F 在经时段 $\tau_d^* \equiv t_2-t_1$ 后发生了变化。d^2 越大，这种变化越快。特别若 d^2 在某时刻 t' 处很大，而在 t' 前后都为零或很小，则在 t' 时刻 F 发生了突变，即由一个准定常态突然变到另一个准定常态。因而考察 d^2 随时间 t 的变化可以确定气候变化是否具有突变性，以及确定发生突变的年代。不过，在实际资料处理时，d^2 往往有多个局域极大值，一般来说，突变应是最大的（或"主要的"）d^2（记作 d_1^2）出现的时刻，记作 t_d。

需要说明的是以上定义的变差度与第 2 章的不同，后者描述的是一维时间系数，代表第二模态空间结构位相及强弱的变化，且因考虑到时间序列的正负符号，乘了符号函数 $sign$；而本章的场变差度描述的是针对二维空间场，代表物理量场空间结构的变化，两者的物理意义并不完全相同，各有其自身特点。

对于给定时刻的两个空间场物理量 $F_1 \equiv F_1(\theta,\lambda)$ 以及 $F_2 \equiv F_2(\theta,\lambda)$，二者的相似度可定义为：

$$R = \frac{(F_1,F_2)}{\| F_1 \| \cdot \| F_2 \|} \tag{10.4}$$

易知 $-1 \leqslant R \leqslant 1$。当 $R=1$ 时，场 F_1 与场 F_2 空间结构全同；当 $R=-1$ 时，场 F_1 与场 F_2 空间分布态势一样，但空间位相配置相反；当 $R=0$ 时这两个场正交，也即两者不相关。$|R|$ 越大则表示这两个场相关程度越高，其空间场的分布态势也越接近；而两个场的场相关系数即为其偏差场的场相似度。

10.2　场相似度与经验正交函数分解

取流 F（本章中 F 为 SSTA 或 SLPA），对 1950 年至 2008 年共 59 年的冬季资料做 EOF 分解，此时有

$$F(\boldsymbol{x},t) = f_1(t) \cdot \varphi_1(\boldsymbol{x}) + f_2(t) \cdot \varphi_2(\boldsymbol{x}) + \cdots + f_i(t) \cdot \varphi_i(\boldsymbol{x}) + \cdots \tag{10.5}$$

在此 $\varphi_1(\boldsymbol{x})$，$\varphi_2(\boldsymbol{x})$ 为该 EOF 分解的第一、第二模态，可称为主要模态，其中第一模态方差贡献最大，可称其为优势模态。

取固定时刻 t 的流 G（如冬季北太平洋某一年的 SSTA），因 $\varphi_i(\boldsymbol{x})$ 为 EOF 分解的空间模态，故可将 G 按该空间模态 $\varphi_i(\boldsymbol{x})$ 展开，即有

$$G(\boldsymbol{x}) = g_1 \cdot \varphi_1(\boldsymbol{x}) + g_2 \cdot \varphi_2(\boldsymbol{x}) + \cdots + g_i \cdot \varphi_i(\boldsymbol{x}) + \cdots \tag{10.6}$$

做内积 $(G(\boldsymbol{x}),\varphi_i(\boldsymbol{x}))$，注意到空间模态 $\varphi_1(\boldsymbol{x})$、$\varphi_2(\boldsymbol{x})$、$\cdots$、$\varphi_i(\boldsymbol{x})$、$\cdots$ 的正交性后有

$$(G(\boldsymbol{x}),\varphi_i(\boldsymbol{x})) = g_i \| \varphi_i(\boldsymbol{x}) \|^2 \tag{10.7}$$

将上式除以 $\| G(\boldsymbol{x}) \| \cdot \| \varphi_i(\boldsymbol{x}) \|$ 后有

$$R = \frac{(G(\boldsymbol{x}),\varphi_i(\boldsymbol{x}))}{\| G(\boldsymbol{x}) \| \cdot \| \varphi_i(\boldsymbol{x}) \|} = \frac{g_i \| \varphi_i(\boldsymbol{x}) \|}{\| G(\boldsymbol{x}) \|} \tag{10.8}$$

考虑到各 EOF 空间模态具有归一性，则上式可写为

$$R = \frac{g_i}{\parallel G(\boldsymbol{x}) \parallel} \qquad (10.9)$$

或

$$g_i = R \cdot \parallel G(\boldsymbol{x}) \parallel \qquad (10.10)$$

由(10.8)式知，若场相似度的绝对值$|R|$越大，则流G与以上 EOF 分解的空间模态$\varphi_i(\boldsymbol{x})$越相似，也即两者的空间结构越接近（在此含反位相的情况）；而由(10.9)式知，展开系数的绝对值$|g_i|$越大，则场相似度的绝对值$|R|$也越大。

设流G与空间模态$\varphi_1(\boldsymbol{x})$和$\varphi_2(\boldsymbol{x})$的场相似度分别为$R_1$和$R_2$，则有

$$\frac{|R_1|}{|R_2|} = \frac{|g_1|}{|g_2|} \qquad (10.11)$$

由上式知，对第一模态$\varphi_1(\boldsymbol{x})$与第二模态$\varphi_2(\boldsymbol{x})$而言，若展开系数$|g_1| > |g_2|$，则有$|R_1| > |R_2|$，这表明流$G$的空间结构与模态$\varphi_1(\boldsymbol{x})$更接近，也即$\varphi_1(\boldsymbol{x})$是流$G$的优势模态；反之，若$|g_2| > |g_1|$，则$\varphi_2(\boldsymbol{x})$是流$G$的优势模态。

若流G取(10.5)式中的流F，则展开系数g_i即为(10.5)式中的时间系数f_i。由此可知，当某年$|f_1| > |f_2|$，即第一模态时间系数的绝对值大于第二模态时间系数的绝对值时，则第一模态为该年的优势模态；若$|f_2| > |f_1|$，则第二模态为该年的优势模态。

某段时间内（如 20 年中）的各年份均可按上述空间模态$\varphi_1(x)$，$\varphi_2(x)$，…展开，并可分别得到第一模态$\varphi_1(x)$和第二模态$\varphi_2(x)$展开系数g_1，g_2的绝对值$|g_1|$，$|g_2|$；现将各年的$|g_1|$，$|g_2|$分别相加后，再除以该时间段内的年份数，这样就分别可得该时间段中的平均值$\overline{|g_1|}$，$\overline{|g_2|}$；若此时有$\overline{|g_1|} > \overline{|g_2|}$，则定义在该段时间内第一模态为优势模态，反之则第二模态为优势模态。注意到(10.11)式后，还可利用场相似度的绝对值$|R_1|$，$|R_2|$来判断在某时间段中的优势模态所在；其方法与上面相同不再赘述，只不过将以上$\overline{|g_1|}$，$\overline{|g_2|}$代之以$\overline{|R_1|}$，$\overline{|R_2|}$。

根据对流F进行 EOF 分解得到的所有模态的时间系数序列集合，就可知在某个具体时间段中（如 20 年中）某模态的时间系数序列（该序列为所有模态时间系数序列的子集）；此时利用以上方法，就可判断在该时间段中，优势模态究竟是第一模态还是第二模态。在下节中，将用上面的原理来探讨冬季北太平洋 SSTA 优势模态的迁移。

10.3 海面温度异常优势模态的迁移

10.3.1 SSTA 的场变差度分析

第 3 章 3.2.2.1 节中对 1950—2008 年冬季北太平洋 SSTA EOF 分解第一、二模态时间系数的分析指出，第一模态时间系数在 20 世纪 80 年代后振幅减小，而第二模态时间系数则振幅变大。为客观定量反映这种变化，对经 59 年高斯滤波后的 1950—2008 年 SSTA 空间结构进行场变差度分析。这里对场变差度的讨论采用与第 2 章中变差度相同的划分标准。

图 10.1 给出了 SSTA 的场变差度折线。由图可见，在 1957，1961，1970，1976，1988，1997 及 2005 年有非常明显的场变差度峰值出现，这些年的场变差度均属极强档，这表明在这些年附近，SSTA 空间结构存在着很强的改变，即其在上述年份附近存在突变。事实是，在 1976/

1977 及 1988/1989 年均有明显的气候年代际突变发生,而这在图 10.1 上都有清晰的表现。将这里的场变差度分析结果与第 2 章的变差度比较后可知,1976/1977 及 1988/1989 年的气候突变,虽然两者均有反映,但是两者折线峰尖出现的时刻并不相同,这是因为第 2 章计算的变差度只反映上层海温 EOF 第二模态时间系数的变化,这里的变差度反映的是 SSTA 空间结构的变化。

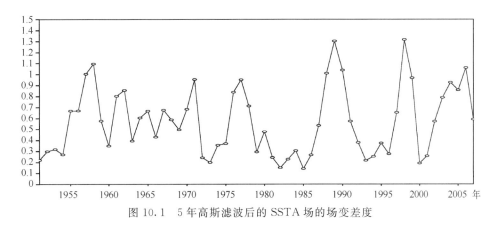

图 10.1　5 年高斯滤波后的 SSTA 场的场变差度

10.3.2　SSTA 空间结构的年际和年代际变化

为进一步揭示北太平洋 SSTA 空间结构随时间的变化特征,这里用 1950—2008 年冬季的 5 年高斯滤波后的各年 SSTA 空间场,分别计算与 SSTA EOF 分解的第一模态(参见图 3.3a)、第二模态(参见图 3.3b),即 PDO 和 NPGO 模态的空间场的场相似度 R_1 和 R_2。图 10.2 给出了场相似度绝对值随时间的变化;这里取绝对值是因本章关心的是优势模态的迁移,而非同一模态中的位相反转。由图可见,1970—1987 年期间,北太平洋冬季 SSTA 与 PDO 模态空间结构的场相似度绝对值是大于与 NPGO 模态的,且这种优势很明显;1988 年之后,SSTA 与 NPGO 模态空间结构的场相似度绝对值逐渐增大,其中有 11 年超过了其与 PDO 模态的场相似度绝对值。这表明,1970—1987 年期间,北太平洋冬季 SSTA 的空间结构主要类似于 PDO 模态,PDO 模态为该段时间的优势模态;而 1988/1989 年气候迁移后,SSTA 的空间结构发生了显著变化,类似 NPGO 模态的年份越来越多,NPGO 模态的优势地位越来越显著。

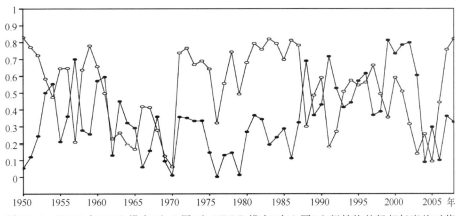

图 10.2　SSTA 与 PDO 模态(空心圆)和 NPGO 模态(实心圆)空间结构的场相似度绝对值

　　值得注意的是,1954—1970 年期间,SSTA 空间结构的变化规律与 1988—2005 年的相似,即 SSTA 的空间结构中与 PDO 模态类似的年份减少,此时类似 PDO 模态的年份与类似 NPGO 模态的年份两者交替出现;只是这一时期 SSTA 与 NPGO 模态空间结构的场相似度绝对值较 1988—2005 年的略小,只有 7 年超过了其与 PDO 模态的场相似度绝对值。上述分析说明,北太平洋冬季 SSTA 优势模态的空间结构具有年代际变化。于是,分别对上面得到的 1950—2008 年 SSTA 与 PDO 模态及 NPGO 模态空间结构的场相似度绝对值进行小波分析,结果见图 10.3。由该图可见,二者均有准 18 年的年代际变化,这说明北太平洋冬季 SSTA 的空间结构具有准 18 年的转换周期,也即经过约 18 年的时间,会出现较集中的类似 NPGO 模态的年份,即出现 NPGO 模态增强时期。

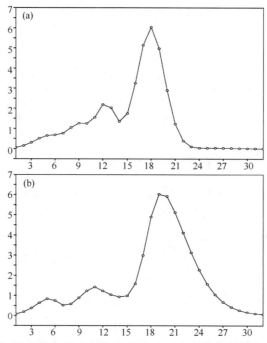

图 10.3　SSTA 与 PDO 模态(a)和 NPGO 模态(b)空间结构场相似度绝对值的小波全谱

10.3.3　不同时段 SSTA 空间结构的合成分析

　　上面对北太平洋冬季 SSTA 空间结构变化的分析发现,在 1988/1989 年的气候突变之后,SSTA 与 NPGO 模态空间结构的场相似度绝对值呈现增大的趋势。下面对时间段 1950—1976 年、1977—1988 年、1989—1999 年及 2000—2008 年的冬季平均 SSTA 进一步做合成分析,其结果如图 10.4 所示。由该图可见:1950—1976 年的冬季合成分析的 SSTA 在北太平洋中部为一个椭圆形异常区域,与 PDO 模态的空间结构类似;而 1977—1988 年的冬季合成 SSTA 也与 PDO 模态的空间结构相似,但位相相反。这说明 1976/1977 年北太平洋冬季 SSTA 发生了位相迁移。1989—1999 年的冬季合成 SSTA 在北太平洋表现为南北偶极子分布,与 NPGO 模态的空间结构类似;而 2000—2008 年的冬季合成 SSTA 也与 NPGO 模态的空间结构相似,但位相相反。这反映了 1999/2000 年北太平洋 SSTA 优势模态再次发生了位相迁移。值得注意的是,1950—1976 年和 1977—1988 年的 SSTA 空间结构与 1989—1999 年和 2000—

2008 年的存在明显不同,由类似 PDO 模态结构转变成为类似 NPGO 模态结构,这进一步说明,在 1988/1989 年的气候突变后,北太平洋的冬季 SSTA 空间结构发生了明显改变。

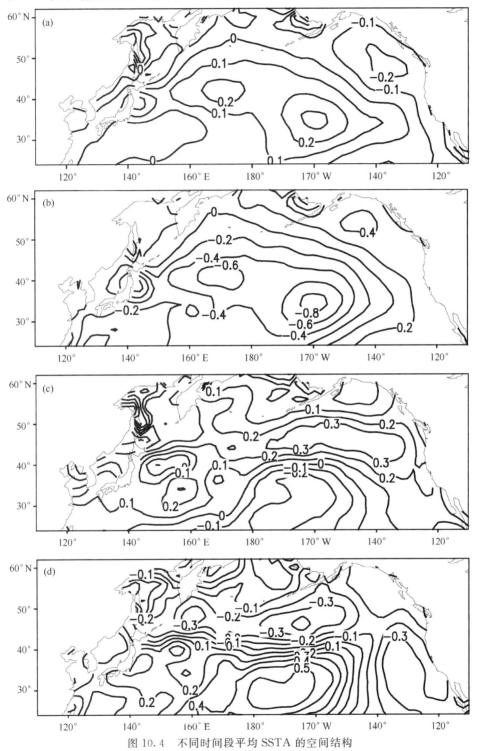

图 10.4　不同时间段平均 SSTA 的空间结构

(a) 1950—1976 年；(b) 1977—1988 年；(c) 1989—1999 年；(d) 2000—2008 年

10.3.4　SSTA 优势模态空间结构的变化

上面从不同角度对 SSTA 的空间结构做了分析,说明北太平洋冬季 SSTA 的空间结构自 20 世纪 80 年代末发生了改变。在 1989—1999 年和 2000—2008 年的时间段,SSTA 优势模态空间结构的变化,本节采用时间滑动的方法,分别对不同时间段的 SSTA 进行 EOF 分解。由于资料的限制,对于 1950—2008 年的 59 年资料,以 20 年为时间段,逐年滑动进行 EOF 分解,即分别取 1950—1969 年、1951—1970 年、…、1989—2008 年的 SSTA 资料来做 EOF 分解,这样可得到 40 个 EOF 分解的结果。为叙述方便,在下面的分析中,以每个时间段的首年来表示该时间段,如 1950 年时间段表示 1950—1969 年的 20 年时间段,以此类推。

结果分析发现,在 1976 年时间段以前,第一模态表现为北太平洋中纬度地区存在大值中心,北美西岸和北太平洋中纬度 SSTA 符号相反,与 PDO 模态类似,这表明该时段内的优势模态是 PDO 模态。1984 年时间段后太平洋北部的异常中心开始明显,并出现南北偶极子结构,此时与 NPGO 模态类似,这表明该时段内的优势模态是 NPGO 模态。对于第二模态,在 1976 年时间段前,其表现为北太平洋上南北各有一个 SSTA 中心,且符号相反,呈南北偶极子分布,特别是在 1972 年时间段后这个分布特征更为明显,与 NPGO 模态类似,这表明此时间段内的次要模态为 NPGO 模态。1984 年时间段后,在北太平洋中纬度地区出现一个 SSTA 中心,并与北美西岸的 SSTA 符号相反,表现为与 PDO 模态类似,这表明此时间段内的次要模态为 PDO 模态。图 10.5 和图 10.6 分别给出了 1972—1991 年(图 a)和 1988—2008 年(图 b)对冬季北太平洋 SSTA 进行 EOF 分解得到的第一模态(图 10.5)和第二模态(图 10.6)空间结构。以上结果表明,在 20 年的年代际时间尺度上,冬季北太平洋 SSTA 的第一模态和第二模态发生了转换,优势模态由 PDO 模态转成了 NPGO 模态。

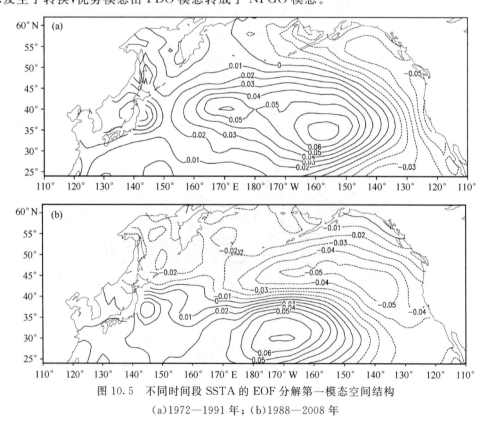

图 10.5　不同时间段 SSTA 的 EOF 分解第一模态空间结构

(a)1972—1991 年;(b)1988—2008 年

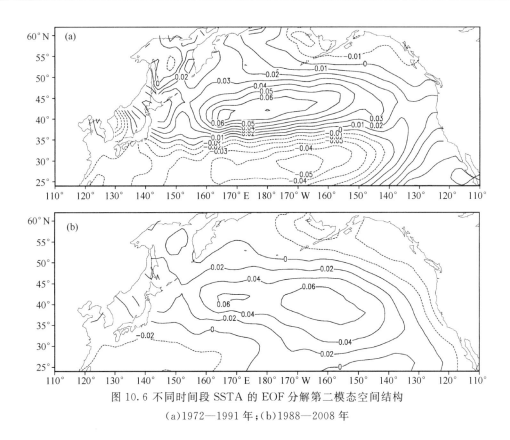

图 10.6 不同时间段 SSTA 的 EOF 分解第二模态空间结构

(a)1972—1991 年；(b)1988—2008 年

　　第一模态和第二模态空间结构的变化反映了,北太平洋 SSTA 的两个主要气候模态在 20 世纪 80 年代发生了明显迁移,即第一模态空间结构由 PDO 型转变为 NPGO 型,而第二模态则由 NPGO 型转换为 PDO 型。以下利用 40 个不同时段 EOF 分解得到的两个主要模态空间结构(简称 SSTA-V1 和 SSTA-V2),分别计算它们与经典的 PDO 模态(见图 3.1a)和 NPGO 模态(见图 3.1b)的场相似度;记 R_{P-1} 为 PDO 模态与各时段 SSTA-V1 的场相似度, R_{P-2} 为 PDO 模态与各时段 SSTA-V2 的场相似度, R_{N-1} 为 NPGO 模态与各时段 SSTA-V1 的场相似度, R_{N-2} 为 NPGO 模态与各时段 SSTA-V2 的场相似度。各场相似度绝对值随时间的变化见图 10.7。从该图可见, R_{P-1} 和 R_{N-2} 两者的绝对值随时间呈下降趋势,而 R_{P-2} 和 R_{N-1} 两者的绝对值则随时间整体呈上升趋势,且在 1976 年时间段后该变化趋势更加突出,在 1984 年时间段前后, R_{N-1} 的绝对值超过了 R_{P-1} 的绝对值;而 R_{P-2} 的绝对值则超过了 R_{N-2} 的绝对值。这个现象反映了 1969 年时段前,北太平洋 SSTA 第一模态的空间结构类似 PDO 型,第二模态的空间结构类似 NPGO 型。到 1984 年时间段前后,第一模态则转变为类似 NPGO 型,而第二模态转换为类似 PDO 型。这进一步验证了上面分析的结论,即北太平洋 SSTA 的两个主要模态在 1984 年时间段发生了明显迁移,在 1984—2003 时间段后 NPGO 模态成为优势模态,并起主导作用。

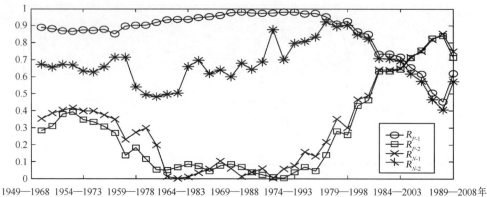

1949—1968 1954—1973 1959—1978 1964—1983 1969—1988 1974—1993 1979—1998 1984—2003 1989—2008年

图 10.7　SSTA 滑动 EOF 分析各时段第一、二模态与 PDO、NPGO
模态空间结构的场相似度绝对值随时间的演变

10.3.5　SSTA 场相似度的变化

　　10.3.2 节的结果显示,1954—1970 时间段内北太平洋冬季 SSTA 与 NPGO 模态空间结构的场相似度也较大,但 10.3.4 节的滑动 EOF 分析并未得到该时间段内 SSTA 的优势模态发生了变化,其仍为 PDO 模态,这是由于在该段时间内虽有些年份是 NPGO 模态为优势模态,但在整个时段中,PDO 模态为优势的年份仍大于 NPGO 模态为优势的年份。为验证此结论,按 10.3.4 节中时间滑动的方法,对 10.3.2 节中场相似度的绝对值逐年滑动计算其 20 年平均值,图 10.8 给出了场相似度随时间的变化。由图可见,SSTA 与 PDO 模态的场相似度从 1960 年时间段开始逐渐增大,到 1971 年时间段达到顶点,随后开始减小;而 SSTA 与 NPGO 模态的场相似度则从 1965 年时间段开始一直在增大;1984 年时间段之前 SSTA 与 PDO 模态的场相似度一直大于 SSTA 与 NPGO 模态的场相似度;而在该时间段之后,情况则发生了反转。这些结果说明,1954—1970 时间段内,北太平洋冬季 SSTA 的空间结构仍然主要类似于 PDO 模态,即 PDO 为优势模态;故滑动 EOF 分析的第一模态空间结构未发生变化;而 1984 年时间段以后,SSTA 的空间结构转换为类似于 NPGO 模态,即此时优势模态转为 NPGO 模态,而这也与上述滑动 EOF 分析的结果一致。

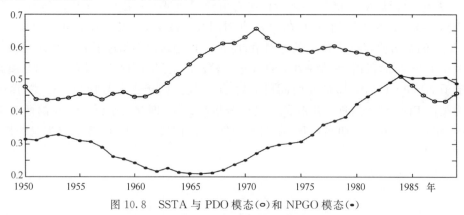

图 10.8　SSTA 与 PDO 模态(○)和 NPGO 模态(●)
空间结构的场相似度随时间的演变

10.4　海面气压异常与海面温度异常优势模态间的关系

Ceballos 等(2009)研究发现与 NPGO 模态相对应的大气强迫表现为 NPO 模态,而 AL 模态一般被认为是 PDO 模态的大气强迫场。本节试图从 SLPA 空间模态结构变化及其对海洋模态的强迫来解释北太平洋 SSTA 的两个主要气候模态在 20 世纪 80 年代发生的明显迁移现象。

10.4.1　SLPA 空间结构的年代际变化

第 3 章 3.2.2.2 小节对 1950—2008 年冬季北太平洋 SLPA EOF 分解第一、二模态时间系数的分析指出,其与 SSTA 第一、二模态时间系数有相同的变化趋势,即 SLPA EOF 第一模态时间系数正在由低频变化转换为高频,第二模态反之;这在某种程度上说明,北太平洋 SLPA 气候模态的性质也发生了改变。而第 3 章 3.4.2 小节对纬向风的分析表明,大气 AL 模态和 NPO 模态均是通过地面纬向西风对海洋 PDO 模态和 NPGO 模态产生影响的。在第 6 章解析研究时变风场强迫正压准平衡海洋模型中,振幅估计表明,在其他因子相同时,低频的风应力变化要比高频的激发出更强的流场响应。综上所述,20 世纪 80 年代中期后,海洋对大气第二模态的响应也在增强。

为揭示北太平洋 SLPA 空间结构随时间的演变特征,这里用 1950—2008 年各年冬季经 5 年高斯滤波后的 SLPA 场与 SLPA EOF 的第一模态(AL 模态,见第 3 章图 3.6a)以及第二模态(NPO 模态,见第 3 章图 3.6b)的空间场分别计算了场相似度。这两个场相似度的绝对值随时间的变化如图 10.9 所示,这里取绝对值的理由同上。由该图可见,北太平洋冬季 SLPA 的场相似度绝对值的变化规律与 SSTA 的基本一致,只是优势模态为 AL 模态的时间段为 1977—1987 年;在 1950—1976 年及 1988—2008 年时段,SLPA 空间结构的优势模态有些年为 AL 模态,有些年份为 NPO 模态,两者交替出现。上述分析说明,北太平洋冬季 SLPA 的空间结构也具有年代际变化。于是,分别对 SLPA 与 AL 模态和 NPO 模态空间结构的场相似度绝对值做了小波分析,结果如图 10.10 所示。由该图可见,两者也均存在准 18 年的年代际变化;这说明北太平洋冬季 SLPA 的空间结构也具有准 18 年的转换周期,与北太平洋冬季 SSTA 的相同,也即每 18 年左右,NPO 模态就会有一个增强时期。

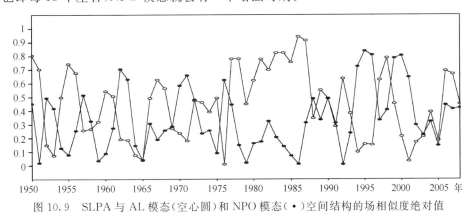

图 10.9　SLPA 与 AL 模态(空心圆)和 NPO 模态(•)空间结构的场相似度绝对值

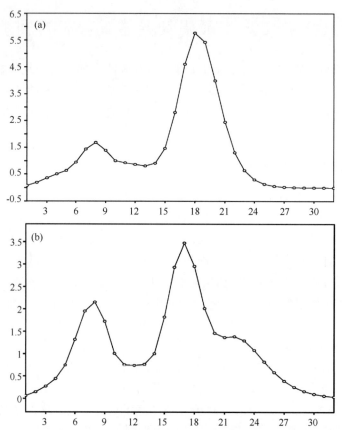

图 10.10　SLPA 与 AL 模态(a)和 NPO 模态(b) 空间结构场相似度绝对值的小波全谱

　　同样按时间滑动的方法,对 SLPA 场与 AL 模态以及 NPO 模态空间场的场相似度的绝对值滑动计算 20 年的平均值,得到 SLPA 场的平均场相似度,如图 10.11 所示。由图可见,SLPA 场与 AL 模态和 NPO 模态空间场的场相似度在 1957 年时间段两者基本相同,但随后,其与 AL 模态空间场的场相似度逐渐增大,在 1973 年时间段达到顶峰,以后开始减小;而 SLPA 与 NPO 模态空间场的场相似度则从 1973 年时间段开始一直在增大,1985 年时间段之后,更是超过了 SLPA 与 AL 模态的场相似度,故在该段时间中,其优势模态应为 NPO 模态。上述结果说明,SLPA 空间结构的变化趋势与 SSTA 的一致,即 20 世纪 80 年代中期以后,SLPA 的空间结构的优势模态转换为 NPO 模态。这意味着,20 世纪 80 年代以来,北太平洋大气 SLPA 空间结构转换和海洋 SSTA 的空间结构转换关系密切,其优势模态的转换很可能是海洋中 SSTA 主要模态空间结构迁移的原因。

　　还应注意的是,第 3 章中 SLPA EOF 第二模态、第 5 章中大气与大洋环流联合 CEOF 第二模态也都存在准 18 年周期的年代际变化,而这与 SLPA 和 SSTA 空间结构准 18 年的转换周期相同,说明该周期可能反映了冬季北太平洋主要气候模态的迁移周期,且大气环流异常是造成该迁移的主导方面,这值得进一步深入研究。

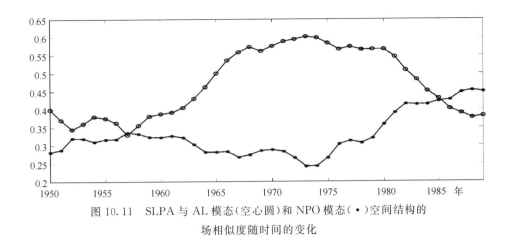

图 10.11　SLPA 与 AL 模态(空心圆)和 NPO 模态(·)空间结构的
场相似度随时间的变化

10.4.2　不同时段 SLPA 空间结构的合成分析

　　10.4.1 节对北太平洋冬季 SLPA 空间结构年变化的分析发现,北太平洋冬季 SLPA 的变化趋势与 SSTA 的基本一致,20 世纪 80 年代以来,SLPA 与 NPO 模态空间结构的场相似度绝对值呈增强趋势,这意味着 SSTA 主要模态的迁移与 SLPA 密切相关。于是,对典型时间段 1950—1976 年、1977—1988 年、1989—1999 年及 2000—2008 年的冬季平均 SLPA 进一步做合成分析,其空间结构分布如图 10.12 所示。由该图可见:1950—1976 年的冬季合成分析的 SLPA 在北太平洋范围内只有一个椭圆形异常区域,与 AL 模态的空间结构类似;而 1977—1988 年的冬季合成 SLPA 也与 AL 模态结构相似,但位相相反。这说明 1976/1977 年北太平洋冬季合成 SLPA 发生了位相转换。1989—1999 年冬季合成 SLPA 的异常中心在北太平洋呈南负北正的偶极子分布,即与 NPO 模态类似;而 2000—2008 年的冬季合成 SLPA 也与 NPO 模态的空间结构相似,但位相相反。这说明 1999/2000 年北太平洋 SLPA 再次发生了位相转换。

　　以上分析表明,在所选的四个不同时间段中,北太平洋 SLPA 空间结构的变化与 SSTA 的一致,即 1950—1976 年和 1977—1988 年的 SLPA 的优势模态由 AL 模态分别转型为 1989—1999 年和 2000—2008 年的 NPO 模态。这说明 1988/1989 年的气候突变后,北太平洋冬季 SLPA 空间分布的优势模态也发生了迁移。

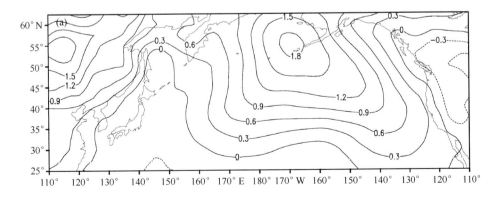

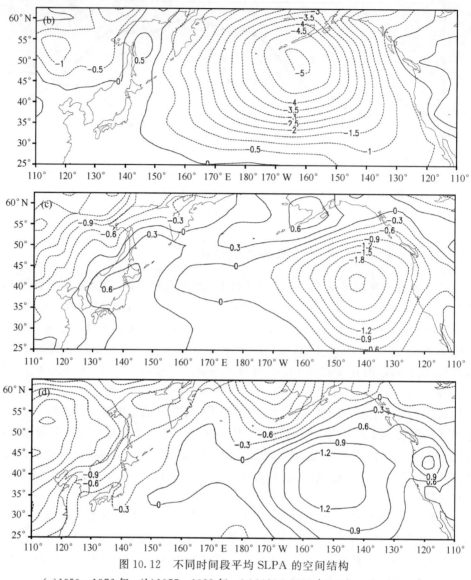

图 10.12　不同时间段平均 SLPA 的空间结构

(a)1950—1976 年；(b)1977—1988 年；(c)1989—1999 年；(d)2000—2008 年

10.5　本章小结

本章利用 1950—2008 年的北太平洋冬季 SSTA 资料和 SLPA 资料，从流的观点出发，引入场变差度和场相似度，并采用 EOF 分解和小波分析，对北太平洋 SSTA 的两个主要模态的结构特征及其随时间的变化做了研究，并探讨了 SSTA 空间结构变化与大气 SLPA 强迫的关系，得到主要结论如下：

(1)1976/1977 及 1988/1989 年的气候年代际突变，在 SSTA 和 SLPA 的场变差度上均有清晰表现，此时场变差度均为极强档次；优势模态的迁移也属空间结构的突变。

（2）对 1950—2008 年冬季 SSTA(SLPA)与 PDO(AL)模态和 NPGO(NPO)模态的空间结构分别计算了场相似度，结果表明，1988/1989 年的气候迁移后，SSTA(SLPA)优势模态为 NPGO(NPO)模态的年份越来越多。

（3）北太平洋冬季 SSTA(SLPA)与 PDO(AL)模态和 NPGO(NPO)模态空间场的场相似度随时间变化，SSTA(SLPA)与 NPGO(NPO)的场相似度在 20 世纪 80 年代中期超过了 SSTA(SLPA)与 PDO(AL)模态的相应值。

（4）对冬季北太平洋 SSTA(SLPA)的合成分析显示，其空间结构分别由 1950—1976 年和 1977—1988 年的 PDO(AL)型转变为 1989—1999 年和 2000—2008 年的 NPGO(NPO)型。

（5）对冬季北太平洋 SSTA 滑动 EOF 分析的结果显示，20 世纪 80 年代中期后，优势模态的空间结构由 PDO 模态转为 NPGO 模态，这验证了 1988/1989 年的气候突变后，SSTA 空间分布的优势模态发生了迁移。

（6）20 世纪 80 年代以来，冬季北太平洋中 SSTA 主要模态空间结构发生迁移的现象，很可能是由于此时北太平洋 SLPA 空间结构主要模态的迁移所致，且这种迁移现象有准 18 年的年代际周期。

本章关注的是海洋中 SSTA 空间结构的特征变化，以及大气中 SLPA 的强迫对该变化的影响，并未讨论两者变化之间的物理过程。武丰民和何金海（2012）指出，由于全球变暖，导致北极秋季海冰减少，从而造成 AL 的减弱，但 AL 变化与北太平洋 SSTA 空间结构变化之间的物理过程仍需进行深入研究。此外，由于资料长度的限制，本章只用了 59 年的 SSTA 和 SLPA 资料来进行分析，结果难免具有一定局限性，用更长时间段的资料来做进一步分析是十分必要的。

第 11 章　全书总结

采用统计诊断、解析演绎和数值试验三种方法,对冬季北太平洋环流振荡的结构特征、时间演变规律以及形成和变化机制进行了研究,对本书的主要内容和结论总结如下。

11.1　海温场和流场北太平洋环流振荡模态的时空特征

采用 EOF 分解、联合 EOF 分解和 SVD 分解以及回归分析、小波分析等诊断方法,对冬季赤道外北太平洋上层海温异常、上层大洋环流异常作了诊断,发现了上层海温场和流场中的 NPGO 模态;给出了其时空特征;对大气和大洋资料作了联合 CEOF 分解,揭示了 NPGO 模态与大气 NPO 模态之间的关系,以上工作的主要结论有:

(1)冬季赤道外北太平洋的 NPGO 模态不仅表现在 SSHA 中,在 SSTA 和上层海温、上层大洋环流场中都有表现,并均具有明显准 13 年的年代际变化周期,可认为大洋环流异常 CEOF 分解的第二模态是 NPGO 的流场模。

(2)通过 SSTA 和 SLPA 的联合 EOF 分析发现,海洋 NPGO 模态和大气 NPO 模态的强迫密不可分,中高纬地面西风和海洋西风漂流是两个模态相互作用的关键系统。

(3)大气与大洋流流联合 CEOF 第一、二模态的时间系数与 PDO、NPGO 指数的相关性很高,并有明显的准 22 年、准 13 年的年代际变化周期,这与经典 PDO、NPGO 模态的周期相同。

(4)大气与大洋流流联合 CEOF 第一、第二模态中,大气环流异常类似于 AL、NPO 模态,大洋环流异常则相应于 PDO、NPGO 模态;第一、第二模态实时间系数与 SSTA 的回归系数场分别与 PDO、NPGO 模态的空间结构类似。

(5)在以上联合 CEOF 第一、二模态中,可得到大洋垂直运动异常;第一模态对应的垂直运动异常在北太平洋中部表现为强上升运动区,与 PDO 模态的空间结构类似;第二模态的则表现为以 45°N 为界,北部下沉、南部上升的双带系统及其上的偶极子分布,与 NPGO 模态的空间结构类似。

11.2　北太平洋环流振荡模态形成的机制

从大气异常强迫的角度对 NPGO 形成的机理作了研究,首先利用中纬度 β 通道线性化正压准平衡方程组,在考虑大气风应力强迫的情况下,分别采用解析演绎和超松弛迭代方法得到了南北向和倾斜大洋西边界下的 NPGO 流场模的解,并讨论了解的性质;其次利用全球大洋环流数值模式,通过控制试验和敏感性试验,再现了模式对 NPGO 模态的模拟结果,揭示了大气强迫对 NPGO 模态的影响。以上工作的主要结论有:

(1)在大气时变风场强迫下,海洋流场的解析解能够较好地再现 NPGO 流场模的空间结构,且流场异常要滞后于风场异常,但两者变化频率相同,这揭示了中纬度纬向西风异常的强迫是造成 NPGO 模态的直接原因。

(2)采用超松弛迭代再现了具有倾斜西海岸线的 NPGO 流场模,并发现大洋西海岸线的倾斜性是不可忽视的,对 NPGO 流场模的空间分布有明显影响。

(3)大洋环流模式能较好地再现 NPGO 模态。使用 NPGO 和 PDO 模态正强年的合成大气强迫场分别强迫大洋环流模式,能再现这两个模态的空间结构特征;这再次证实了 NPGO 和 PDO 模态是大气 NPO、AL 模态强迫海洋的直接结果。

(4)数值敏感性试验表明,风场动力强迫对 NPGO 模态的影响最大,热通量强迫次之;大气强迫的改变对 NPGO 模态空间结构的影响明显,NPGO 模态准 13 年的年代际变化周期主要由大气的动力强迫所致。

(5)西风风应力异常驱动的海盆尺度的大洋环流异常在大气强迫和海温异常中起着关键中介作用,而该大洋环流异常会造成上层海洋垂直运动次级环流的异常,从而引起海盆尺度的海温动力异常。

11.3　冬季北太平洋海面温度异常优势模态的迁移

利用 1950—2008 年的北太平洋冬季 SSTA 资料和 SLPA 资料,引入场变差度和场相似度,通过 EOF 分解和小波分析,对北太平洋 SSTA 和 SLPA 的两个主要模态的结构特征及其随时间的变化做了论证,并探讨了 SSTA 模态结构变化与大气 SLPA 模态的强迫关系,以上工作的主要结论有:

(1)1976/1977 及 1988/1989 年的气候突变,在 SSTA(SLPA)的场变差度上均有清晰表现,此时场变差度均为极强挡次;1988/1989 年的气候迁移后,SSTA(SLPA)优势模态为 NPGO(NPO)模态的年份越来越多。

(2)北太平洋冬季 SSTA(SLPA)与 PDO(AL)模态和 NPGO(NPO)模态空间场的场相似度随时间变化,在 1985 年时段有 SSTA(SLPA)优势模态的迁移。

(3)对冬季北太平洋 SSTA(SLPA)的合成分析显示,其优势模态分别由 1950—1976 年和 1977—1988 年的 PDO(AL)型转变为 1989—1999 年和 2000—2008 年的 NPGO(NPO)型。

(4)20 世纪 80 年代以来,冬季北太平洋 SSTA 主要模态空间结构发生迁移的现象,很可能是由于此时北太平洋 SLPA 空间结构主要模态的迁移所致,且这种迁移现象有准 18 年的年代际周期。

参考文献

陈隆勋.1998.中国近45年来气候变化的研究[J].气象学报,**56**(3):257-271.

谷德军,王东晓,李春晖.2003.PDO源地与机制的若干争论[J].热带气象学报,**19**(增刊):136-144.

顾薇,李崇银,潘静.2007.太平洋—印度洋海温与我国东部旱涝型年代际变化的关系[J].气候与环境研究,**12**(2):113-123.

龚道溢.2000.大尺度大气环流变化及其对北半球冬季温度的影响[J].地学前缘,**7**(增刊):203-208.

江志红,屠其璞.2001.国外有关海气系统年代际变率的机制研究[J].地球科学进展,**16**(4):569-573.

侯威,杨萍,封国林.2008.中国极端干旱事件的年代际变化及其成因[J].物理学报,**57**(6):3932-3940.

华丽娟,马柱国.2009.亚洲和北美干湿变化及其与海表温度异常的关系[J].地球物理学报,**52**(5):1184-1196.

黄荣辉,徐予红,周连童.1999.中国夏季降水的年代际变化及华北干旱化趋势[J].高原气象,**18**(4):465-476.

黄嘉佑.2000.气象统计分析与预报方法[M].北京:气象出版社,135-139.

李泓,李丽平,王盘兴.2001.太平洋地区海气系统年代际变率研究的若干进展[J].南京气象学院学报,**24**(4):591-598.

李春.2010.北太平洋风生环流变异及其对大气环流的反馈[D].青岛:中国海洋大学.

李春.2008.长江中下游夏季降水与西北太平洋海温的耦合模态分析[J].热带海洋学报,**27**(4):38-44.

李东辉.2005.大洋环流模式的建立及其应用[D].南京:解放军理工大学.

李峰,何金海.2001.太平洋区域海温跃变及其与东亚夏季风的关系[J].气象科学,**11**(1):28-35.

李峰,何金海.2000.北太平洋海温异常与东亚夏季风相互作用的年代际变化[J].热带气象学报,**16**(3):260-271.

刘秦玉,李春,胡瑞金.2010.北太平洋的年代际振荡与全球变暖[J].气候与环境研究,**15**(2):217-224.

刘海龙,俞永强,李薇,等.2004.LASG/IAP气候系统海洋模式(LICOM1.0)参考手册[M].北京:科学出版社.

路凯程,卢姁,张铭.2010.春季赤道外北太平洋上层流场异常的统计动力诊断[J].海洋预报,**27**(6):57-64.

路凯程,张永垂,张铭.2011.正压准平衡海洋模型及其解Ⅱ—中纬度自由涡旋波动[J].气象科学,**31**(1):17-23.

路凯程,卢姁,张铭.2011.赤道外北太平洋上层洋流异常分析[J].海洋通报,**30**(1):29-36.

路凯程.2010.北太平洋海温流场异常分析[D].南京:解放军理工大学.

吕庆平,张维峰,张铭.2013.两层海洋对风场异常响应的解析解及其讨论[J].气候与环境研究,**18**(1):124-134.

马柱国.2007.华北干旱化趋势及转折性变化与太平洋年代际振荡的关系[J].科学通报,**52**(10):1199-1206.

马柱国,邵丽娟.2006.中国北方近百年干湿变化与太平洋年代际振荡的关系[J].大气科学,**30**(3):464-474.

马镜娴,戴彩娣.2000.西北地区东部降水量年际和年代际变化的若干特征[J].高原气象,**19**(2):166-171.

容新尧,杨修群.2006.北太平洋副热带海洋涡旋和副极地海洋涡旋对风应力异常的响应[A].中国气象学会2006年年会论文集.

施能,陈家其,屠其璞.1995.中国近100年来4个年代际的气候变化特征[J].气象学报,**53**(4):431-439.

施雅风,沈永平,胡汝骥.2002.西北气候由暖干向暖湿转型影响和前景初步探讨[J].冰川冻土,**24**:219-226.

孙力,安刚.2003.北太平洋海温异常对中国东北地区旱涝的影响[J].气象学报,**61**(3):346-352.

孙安健,高波.2000.华北地区严重旱涝特征诊断分析[J].大气科学,**24**(3):393-402.

谭桂容,孙照渤,闵锦忠,等.2009.北太平洋海温异常的空间模态及其与东亚环流异常的关系[J].大气科学,**33**(5):1038-1046.

唐民,吕俊梅.2007.东亚夏季风降水年代际变异模态及其与太平洋年代际振荡的关系[J].气象,**33**(10):88-95.

田红,李春,张士洋.2005.近50 a我国江淮流域气候变化[J].中国海洋大学学报,**35**(4):539-544.

王东晓,谢强,刘赞,等.2003.太平洋年代际海洋变率研究进展[J].热带海洋学报,**22**(1):76-83.

王辉,王东晓,杜岩.2003.2002年国内外物理海洋学研究主要进展[J].地球科学进展,**18**(5):797-805.

王慧,王谦谦.2002.淮河流域夏季降水异常与北太平洋海温异常的关系[J].南京气象学院学报,**25**(1)：45-54.

王绍武.1994.近百年气候变化与变率的诊断研究[J].气象学报,**52**(3):261-273.

王力群.2009.热带太平洋对中纬度持续大气强迫的响应[D].南京:解放军理工大学.

魏凤英.2007.现代气候统计诊断与预测技术[M].北京:气象出版社.

吴德星,林霄沛,万修全,等.2006.太平洋年代际变化研究进展浅析[J].海洋学报,**28**(1):1-8.

武丰民,何金海.2012.北极海冰减少与欧亚大陆冬季低温的关系[A].中国气象学会2012年年会论文集.

严华生,吕俊梅,琚建华,等.2002.冬季太平洋海温变化对中国5月降水的影响[J].气象科学,**22**(4)：410-415.

杨修群,朱益民,谢倩,等.2004.太平洋年代际振荡的研究进展[J].大气科学,**28**(6):979-992.

杨秋明.2005.夏季江淮地区雨量与印度洋海温联系的年代际变化[J].热带海洋学报,**24**(5)：31-42.

宇如聪.1989.具有陡峭地形的有限数值天气预报模式设计[J].大气科学,**13**(2):139-149.

曾庆存,张东凌,张铭,等.2005.大气环流的季节突变与季风的建立 I —基本理论方法和气候场分析[J].气候与环境研究,**10**(3)：285-302.

曾庆存.1974.大气红外遥感原理[M].北京:科学出版社,160-166.

曾庆存.张学洪.1987.球面上斜压原始方程组保持总有效能量守恒的差分格式[J].大气科学,**11**(02):113-127.

张东凌.2006.亚洲夏季风空间结构与时间演变的动力统计分析[D].北京:中国科学院大气物理研究所.

张东凌,曾庆存.2007.5月热带印度洋大气大洋耦合环流的统计动力分析[J].中国科学D辑,**37**(12)：1693-1699.

张立凤,吕庆平,张永垂.2011.北太平洋涡旋振荡研究进展[J].地球科学进展,**26**(11)：1143-1149.

张永垂,张立凤.2009a.冬季黑潮海域异常加热与北太平洋大气环流的耦合关系[J].热带气象学报,**25**(6)：740-746.

张永垂,张立凤.2009b.北太平洋Rossby波研究进展[J].地球科学进展,**24**(11):1119-1228.

张永垂,路凯程,张铭.2011.正压准平衡海洋模型及其解 I —中纬度大尺度风场强迫情况[J].气象科学,**31**(1):11-16.

张永垂,路凯程,张铭.2012.两层正压准平衡海洋模型的中纬度定常风场强迫解[J].气候与环境研究,**17**(2):215-222.

张先恭,李小泉.1982.本世纪中国气温变化的特征[J].气象学报,**40**(2):198-208.

张庆云.1999.1880年以来华北降水及水资源的变化[J].高原气象,**18**(4):486-495.

赵永平,陈永利,翁学传.1997.中纬度海气相互作用研究进展[J].地球科学进展,**12**(1):32-36.

赵艳玲.2008.海洋对风应力响应的解析研究及渤黄东海浪流的高分辨率数值研究[D].南京:解放军理工大学.

周天军,金向泽,张学洪.2000.三十层大洋环流模式使用说明[M].北京:中国科学院大气物理研究所大气科学与地球流体力学数值模拟国家重点实验室.

朱艳峰,丁裕国,何金海.2002.中低纬海气相互作用的耦合型态及其年代际振荡特征研究[J].热带气象学报,**18**(2):139-147.

朱乾根,徐建军.1998.ENSO及其年代际异常对中部气候异常影响的观测分析[J].南京气象学院学报,**21**(4):615-623.

朱益民,杨修群.2003.太平洋年代际振荡与中国气候变率的联系[J].气象学报,**61**(6)：641-654.

Alexander M A. 2010. Extratropical air-sea interaction, SST variability and the Pacific Decadal Oscillation (PDO)[M]. In: Sun D, Bryan F(eds) *Climate Dynamics: Why Does Climate Vary, AGU Monograph* #189, Washington, DC,123-148.

Alexander M A, Blade I, Newman M, *et al.*, 2002. The atmospheric bridge: The influence of ENSO teleconnections on air-sea interaction over the global oceans[J]. *J. Climate,***15**(16)：2205-2231.

Alexander M A, Matrosova L, Penland C, *et al.*, 2008. Forecasting Pacific SSTs: Linear inverse model predictions of the PDO[J]. *J. Climate*, **21**(2)：385-402.

Anderson B T. 2003. Tropical Pacific sea-surface temperatures and preceding sea level pressure anomalies in the subtropical North Pacific[J]. *J. Geophys. Res.*, **108**:4732. doi:10.1029/2003JD03805

Arakawa A, Lamb V R. 1977. Computational design of the basic dynamical processes of UCLA general circulation model[J]. *Meth. Comput. Phys.*, **17**: 173-265.

Asselin R. 1972. Frequency filter for time integrations[J]. *Mon. Wea. Rev.*, **100**(6): 487-490.

Bjerknes J. 1972. Large-Scale Atmospheric Response to the 1964－65 Pacific Equatorial Warming[J]. *J. Phys. Oceanogr.*, **2**(3):212-217.

Bond N A, Overland J E, Spillane M, *et al.* 2003. Recent shifts in the state of the North Pacific[J]. *Geophys. Res. Lett.*, **30**(23), doi: 10.1029/2003GL018597.

Bonfils C, Santer B D. 2011. Investigating the possibility of a human component in various Pacific Decadal Oscillation indices[J]. *Climte Dyn.*, **37**(7－8): 1457-1468.

Bryan K, Cox M D. 1972. An approximate equation of state for numerical models of ocean circulation [J]. *J. Phys. Oceanogr.*, **2**: 510-514.

Cabanes C, Huck T, Verderee C D. 2006. Contributions of wind forcing and surface heating to interannual sea level variations in the Atlantic Ocean[J]. *J. Phys. Oceanogr.*, **36**: 1739-1750.

Carton J A, Giese B. 2008. A Reanalysis of Ocean Climate Using Simple Ocean Data Assimilation (SODA) [J]. *Mon. Wea. Rev.*, **136**:2999-3017.

Ceballos L, Di Lorenzo E, and Hoyos C D. 2009. North Pacific Gyre Oscillation synchronizes climate fluctuations in the eastern and western boundary systems[J]. *J. Climate*, **22**(19): 5163-5174.

Chhak K and Di Lorenzo E. 2009. Forcing of low-frequency ocean variability in the Northeast Pacific[J]. *J. Climate*, **22**(5): 1255-1276.

Corre L, Terray L, Balmaseda M, *et al.* 2012. Can oceanic reanalyses be used to assess recent anthropogenic changes and low-frequency internal variability of upper ocean temperature? [J]. *Climte Dyn.*, **38**(5－6): 877-896.

Cummins P F, Lagerloef G S E, Mitchum G. 2005. A regional index of northeast Pacific variability based on satellite altimeter data[J]. *Geophys. Res. Lett.*, **32**, L17607. doi: 10.1029/2005 GL023642.

Cummins P F, and Freeland H J. 2007. Variability of the North Pacific Current and its Bifurcation[J]. *Prog. Oceanogr.*, **75**(2): 253-265.

Deser C, Phillips A S, and Hurrell J W. 2004. Pacific interdecadal climate variability: Linkages between the tropics and North Pacific during boreal winter since 1900[J]. *J. Climate*, **17**(16): 3109-3124.

Di Lorenzo E, Schneider N, Cobb K M, *et al.* 2008. North Pacific Gyre Oscillation links ocean climate and ecosystem change[J]. *Geophys. Res. Lett.*, **35**, L08607. doi:10.1029/2007GL 032838.

Di Lorenzo E, Cobb K M, Furtado J C, *et al.* 2010. Central Pacific El Niño and decadal climate change in the North Pacific[J]. *Nat. Geosci.*, **3**(11): 762-765.

Di Lorenzo E, Schneider N, Cobb K M, *et al.* 2011. ENSO and the North Pacific Gyre Oscillation: an integrated view of Pacific decadal dynamics[J]. *Geophys. Res. Lett.*.

d'Orgeville M, Peltier W R. 2009. Implications of both statistical equilibrium and global warming simulations with CCSM3. Part I: On the decadal variability in the North Pacific basin[J]. *J. Climate*, **22**: 5277-5297.

Furtado J C, Di Lorenzo E, Schneider N, *et al.*, 2011. North Pacific decadal variability and climate change in the IPCC AR4 models[J]. *J. Climate*, **24**(12):3049-3067.

Haney R L. 1971. Surface thermal boundary condition for ocean circulation models[J]. *J. Prog. Oceanogr.*, **1**:241-248.

Hare S R, Mantua N J. 2000. Empirical evidence for North Pacific regime shifts in 1977 and 1989[J]. *Prog. Oceanogr.*, **47**: 103-145.

Kalnay E, Kanamitsu M, Kistler R, *et al.* 1996. The NCEP/NCAR 40-year reanalysis project[J]. *Bull. Amer. Meteor. Soc.*, **77**:437-470.

Kao H Y, Yu J Y. 2009. Contrasting eastern-Pacific and central-Pacific types of El Niño[J]. *J. Climate*, **22**(3): 615-632.

Kim S B, Tong L, Fukumori I. 2004. The 1997-1999 abrupt change of the upper ocean temperature in the north central Pacific[J]. *Geophys. Res. Lett.* , **31**, L22304. doi: 10. 1029/2004 GL021142.

Kwon Y O, Deser C and Cassou C. 2011. Coupled atmosphere-mixed layer ocean response to ocean heat flux convergence along the Kuroshio Current Extension[J]. *Climte Dyn.* ,**36**;2295-2312.

Levitus S, Burgett R, Boyer T P. 1994. World Ocean Atlas 1994,Vol. 3: Salinity [M]. NOAA, 99pp.

Levitus S, Boyer T P. 1994. World Ocean Atlas 1994,Vol. 4: Temperature[M]. NOAA, 117pp.

Li C H, Wan Q L, Lin A L, *et al.* 2009. Interdecadal variations of precipitation and temperature in China around the abrupt change of atmospheric circulation in 1976[J]. *Acta Meteor. Sinica*,**23**(3): 315-326.

Linkin M E and Nigam S. 2008. The north pacific oscillation-west Pacific teleconnection pattern: Mature-phase structure and winter impacts[J]. *J. Climate* , **21**(9): 1979-1997.

Liu Z. 2012. Dynamics of interdecadal climate variability: an historical perspective [J]. *J. Climate* , **25**: 1963-1995.

Lv Q P, Zhang L F, Zhu K. 2012. North Pacific spatial variability of winter sea surface temperature and its relation to atmospheric main modes[J]. *J. Trop. Meteor.* , **18**(3): 377-386.

Mantua N J, Hare S R, Zhang Y, *et al.* ,1997. A Pacific interdecadal climate oscillation with impacts on salmon production[J]. *Bull. Amer. Meteor. Soc.* , **78**(6):1069-1079.

Mantua N J, Hare S R. 2002. The Pacific Decadal Oscillation[J]. *J. Oceanogr.* , **58**:35-44.

Meehl G A, Goddard L, Murphy J, *et al.* 2009. Decadal prediction: Can it be skillful? [J]. *Bull. Amer. Meteor. Soc.* , **90**(10): 1467-1485.

Meehl G A, Hu A, Santer B D. 2009. The mid-1970s climate shift in the Pacific and the relative roles of forced versus inherent decadal variability[J]. *J. Climate*, **22**: 780-792.

Mellor G L. 1993. User's guide for a three-dimensional, primitive equation, numerical ocean model. Princeton University, Internal Report, 35p.

Miller A J, White W B, Cayan D R. 1997. North Pacific thermocline variations on ENSO timescales[J]. *J. Phys. Oceanogr.* , **27**(9): 2023-2039.

Murphy J, Kattsov V, Keenlyside N, *et al.* 2010. Towards prediction of decadal climate variability and change [J]. *Proc. Environ. Sci.* , 1:287-304. doi:10. 1016/j. proenv. 2010. 09. 018.

Newman M, Compo G P, and Alexander M A. 2003. ENSO-forced variability of the Pacific decadal oscillation [J]. *J. Climate*, **16**(23): 3853-3857.

North G R, Moeng F J, Bell T L, *et al.* 1982. Sampling errors in the estimation of empirical orthogonal function [J]. *Mon. Wea. Rev.* , **110**: 699-706.

Oshima A, Tanimoto Y. 2009. An evaluation of reproducibility of the Pacific Decadal Oscillation in the CMIP3 simulations[J]. *J. Meteor. Soc. Japan*, **87**(4): 755-770.

Pedlosky J. 1996. *Geophysical Fluid Dynamics*[M]. New York: Springer Press,710pp.

Philander S G H. 1978. Forced oceanic waves[J]. *Rev. Geophys.* ,**16**(1):15-46.

Qiu B and Chen S M. 2010. Eddy-mean flow interaction in the decadally modulating Kuroshio Extension system[J]. *Deep-Sea Res.* , **57**(13—14): 1098-1110.

Qiu B, Schneider N, Chen S M. 2007. Coupled decadal variability in the North Pacific: An observationally constrained idealized model[J]. *J. Climate*, **20**(14): 3602-3620.

Qiu B. 2003. Kuroshio extension variability and forcing of the Pacific decadal oscillations: Responses and potential feedback[J]. *J. Phys. Oceanogr.* , **33**(12): 2465-2482.

Qiu B, Chen S. 2006. Decadal variability in the large-scale sea surface height field of the South Pacific ocean: observations and causes[J]. *Phys. Oceanogr.* , **36**: 1751-1762.

Qiu B. 2002. Large-Scale variability in the midlatitude subtropical and subpolar North Pacific ocean: observations and causes[J]. *Phys. Oceanogr.* , **32**:353-375.

Rogers J C. 1981. The North Pacific Oscillation[J]. *Int. J. Climatol.* ,**11**(1): 39-57.

Schneider N, and Cornuelle B D. 2005. The forcing of the Pacific decadal oscillation[J]. *J. Climate*, **18**(21): 4355-4373.

Shiogama H, Watanabe M, Kimoto M, *et al.* , 2005. Anthropogenic and natural forcing impacts on ENSO-like decadal variability during the second half of the 20th century[J]. *Geophys. Res. Lett.* , **32**, L21714. doi: 10. 1029/2005GL023871.

Smith T M, Reynolds R W, Peterson T C, *et al.* , 2008. Improvements to NOAA's Historical Merged Land-Ocean Surface Temperature Analysis (1880－2006)[J]. *J. Climate*, **21**: 2283-2296.

Solomon A, Goddard L, Kumar A, *et al.* , 2011. Distinguishing the roles of natural and anthropogenically forced decadal climate variability: Implication for prediction[J]. *Bull. Amer. Meteor. Soc.* , **92**(2): 141-156.

Taguchi B, Xie S P, Schneider N, *et al.* 2007. Decadal variability of the Kuroshio Extension: Observations and an eddy-resolving model hindcast[J]. *J. Climate*, **20**(11): 2357-2377.

Trenberth K E, and Hurrell J W. 1995. Decadal Climate Variations in the Pacific, National Research Council, Natural Climate Variability on Decade-to-Century Time Scales[M]. Washington D C: National Academy Press, 472-481.

UNESCO. 1981. 10th Report of the Joint Panel on Oceanographic Tables and Standards[M]. *UNESCO Tech. Pap. Mar. Sci.* , **36**: 1-25.

Vimont D J. 2005. The contribution of the interannual ENSO cycle to the spatial pattern of decadal ENSO-like variability[J]. *J. Climate*, **18**(12): 2080-2092.

Vimont D J, Wallace J M, and Battisti D S. 2003. The seasonal footprinting mechanism in the Pacific: Implications for ENSO[J]. *J. Climate*, **16**(16): 2668-2675.

Walker G T, and Bliss E W. 1932. World Weather V[J]. *Mem. Roy. Meteor. Soc.* , **4**(36): 53-84.

Wyrtki K. 1973. Teleconnections in the equatorial Pacific Ocean[J]. *Science*, **180**: 66-68.

Yeh S W, Kang Y J, Noh Y, *et al.* 2011. The North Pacific climate transitions of the winters of 1976/77 and 1988/1989[J]. *J. Climate*, **24**(4): 1170-1183.

Yu J Y, Kao H Y, Lee T. 2010. Subtropics-related interannual sea surface temperature variability in the equatorial central Pacific[J]. *J. Climate*, **23**(11): 2869-2884.

Yu J Y, Kim S T. 2011. Relationships between extratropical sea level pressure variations and the central-Pacific and eastern-Pacific types of ENSO[J]. *J. Climate*, **24**(3): 708-720.

Zeng Q C, Zhang X H. 1987. Available energy-conserving schemes for primitive equations of spherical baroclinic atmosphere[J]. *Chinese J. Atmos. Sci.* (*in Chinese*), **11**(2): 121-142.

Zhang Y, Norris J R, Wallace J M. 1998. Seasonality of large scale atmosphere ocean interaction over the North Pacific[J]. *J. Climate*, **11**(10): 2473-2481.

Zhang Y, Wallace J M, Battisti D S. 1997. ENSO-like interdecadal variability: 1900-93s[J]. *J. Climate*, **10**: 1004-1020.

Zhang Y C, Zhang L F, Lv Q P. 2011. Dynamic mechanisms of interannual sea surface height variability in the North Pacific subtropical gyre[J]. *Adv. Atmos. Sci.* , **28**(1): 158-168.

Zhang Y C, Zhang L F, Luo Y. 2010. The coupled mode between the Kuroshio region marine heating anomaly and the North Pacific atmospheric circulation in wintertime[J]. *J. Trop. Meteor.* , **16**(1): 51-58.

Zhang X H, Liang X Z. 1989. A numerical world ocean general circulation model[J]. *Adv. Atmos. Sci.* , **6**(1): 43-61.

Zhang X H, Bao N, Wang W Q. 1991. Numerical simulation of seasonal cycle of world oceanic general circulation [A]. *The Proceedings of The Sixth Japan and East China Sea Study Workshop*, Fukuoda, Japan.

Zhang X H, Chen K M, Jin X Z, *et al.* 1996. Simulation of thermohaline circulation with a twenty-layer oceanic general circulation model[J]. *Theor. Appl. Climatol.* , **55**: 65-87.

Zhou T, Yu R C, Li Z X. 2002. ENSO-dependent and ENSO-independent Variability over the Mid-latitude North Pacific: Observation and Air-sea Coupled Model Simulation [J]. *Adv. Atmos. Sci.* , **19**: 1127-1147.

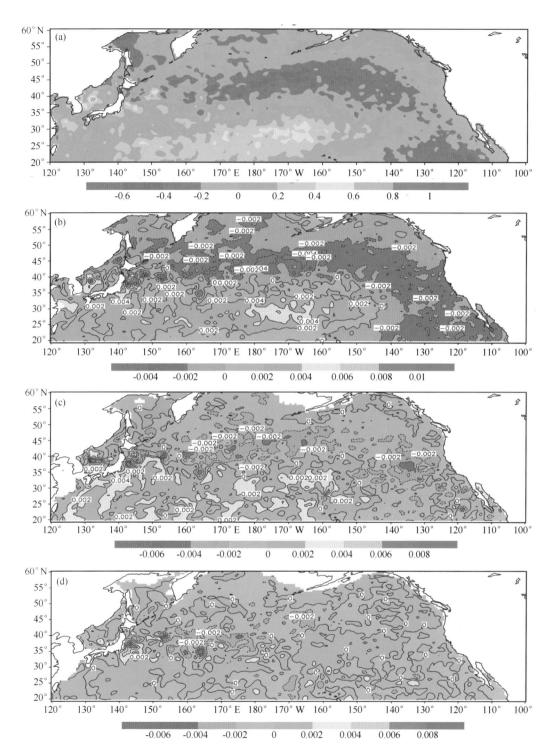

彩图 2.1　SSTA 对 NPGO 指数的回归系数场及上层海温 EOF 第二模态各深度的空间场

(a)回归系数场；(b)25.28 m；(c)112.32 m；(d)229.48 m

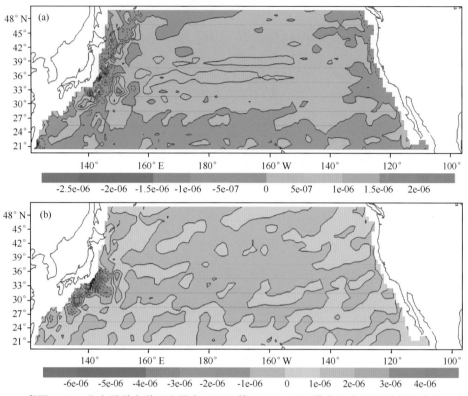

彩图 4.14　北太平洋大洋环流异常 CEOF 第一(a)、二(b)模态近表层的垂直运动场

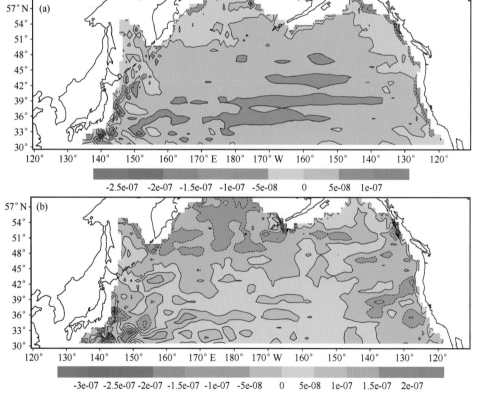

彩图 5.11　北太平洋大气大洋环流联合 CEOF 第一(a)、第二(b)模态近表层的垂直运动场